Die „Sammlung Vieweg" hat sich die Aufgabe gestellt, Wissens- und Forschungsgebiete, Theorien, Verfahren usw., die im Stadium der Entwicklung stehen, durch zusammenfassende Behandlung unter Beifügung der wichtigsten Literaturangaben weiteren Kreisen bekanntzumachen und ihren augenblicklichen Entwicklungsstand zu beleuchten. Sie will dadurch die Orientierung erleichtern und die Richtung zu zeigen suchen, welche die weitere Forschung einzuschlagen hat.

Prospekte über die lieferbaren und in Vorbereitung befindlichen Hefte stehen zur Verfügung.

Moderne
Allgemeine Mineralogie
(Kristallographie)

Von

Dr. Werner Nowacki
a. o. Professor der Kristallographie und Strukturlehre
Universität Bern

Mit 60 Abbildungen

Springer Fachmedien Wiesbaden GmbH 1951

Herausgeber dieses Heftes:

Dr. Hermann Ebert

ISBN 978-3-663-19883-3 ISBN 978-3-663-20223-3 (eBook)
DOI 10.1007/978-3-663-20223-3

PAUL NIGGLI und LINUS PAULING

in Dankbarkeit

zugeeignet

VORWORT

Die vorliegende Schrift will einen Begriff von den Problemen, mit denen sich die moderne Allgemeine Mineralogie befaßt, geben. Sie wendet sich insbesondere an die Studenten der Naturwissenschaften. Darüber hinaus möchte sie der Mineralogie in allgemein naturwissenschaftlich interessierten Kreisen neue Freunde gewinnen, nicht zuletzt unter den Schülern an den Oberschulen.

Bei der Herstellung der Figurennegative unterstützte mich Herr Dr. phil. R. Scheidegger tatkräftig, wofür ihm herzlich gedankt sei. Mein Dank gilt weiterhin allen Autoren und Verlagen, welche mir die Reproduktion von Abbildungen gestatteten oder Klischees von Figuren zur Verfügung stellten.

Bern (Schweiz), im Frühjahr 1951

Mineralogisch-Petrographisches
Institut der Universität

Werner Nowacki

Inhaltsübersicht

Sachverzeichnis

Motto:

Mensch, werde wesentlich: denn
wann die Welt vergeht,
So fällt der Zufall weg,
das Wesen, das besteht.

Angelus Silesius

Ziel dieser Schrift ist darzulegen, was man unter *Kristallographie*, oder, was dasselbe ist, unter *Allgemeiner Mineralogie* versteht; welches die *Untersuchungsobjekte* sind, die studiert werden; mit welchen *Hilfsmitteln* dies geschieht und welches die erhaltenen *Resultate* sind.

Besonders soll gezeigt werden, daß die Kristallographie *keine* abseits gelegene *Spezialwissenschaft* ist, deren Resultate für die übrigen Naturwissenschaften von nur geringer Bedeutung sind, sondern daß es sich dabei um ein *zentrales Gebiet der gesamten Naturwissenschaften* handelt, welches auf die Nachbarwissenschaften äußerst fruchtbringend eingewirkt hat, während es seinerseits von allen diesen Wissenschaften ständig neue Anregungen und Impulse empfängt.

Spricht man von Kristallen und Kristallographie, so denkt der Laie in erster Linie an Edelsteine und Schmuckstücke, in die farbige oder brillante Steine eingelassen sind oder an einen glänzenden Bergkristall der Alpen, vielleicht noch an einen weinroten Granaten und im Winter an die zierlichen sechseckigen Schneesterne, welche die Erde bedecken. Diese sechseckigen Schneesterne veranlaßten schon Johannes Kepler im Jahre 1611, eine reizvolle kleine Abhandlung „*Strena seu de nive sexangula*", zu deutsch „*Neujahrsgabe oder vom Sechseckigen Schnee*" „Dem hochangesehenen Hofrat Seiner Kaiserlichen Majestät Herrn Johannes Matthäus Wackher von Wackenfels, . . ., Förderer der Wissenschaften und der Philosophie, . . ." zu widmen, in welcher er schreibt: „Wie ich so grübelnd und sorgenvoll über die Brücke gehe und mich über meine Armseligkeit ärgere und darüber, zu Dir ohne Neujahrsgabe zu kommen, wenn ich nicht immer dieselben Töne anschlage, nämlich dieses Nichts angebe oder das finde, was ihm am nächsten kommt und woran ich die Schärfe meines Geistes übe, da fügt es der Zufall, daß durch die heftige Kälte sich der Wasserdampf zu Schnee verdichtet und vereinzelte kleine Flocken auf meinen Rock fallen, alle sechseckig und mit gefiederten Strahlen. Ei, beim Herakles, das ist ja ein Ding, kleiner als ein Tropfen, dazu von regelmäßiger Gestalt. Ei, das ist eine höchst erwünschte Neujahrsgabe für einen Freund des Nichts! Und auch passend als Geschenk eines Mathematikers, der Nichts hat und Nichts kriegt, so wie es da vom Himmel herabkommt und den Sternen ähnlich ist!"

Man spürt aus diesen Worten so recht die Freude dieser Entdeckung, die dann streng wissenschaftlich beschrieben wird und eine der ersten, uns bekannten kristallographischen Arbeiten darstellt. Gleichzeitig werden wir durch dieses Beispiel schon mit der ganzen Breite der Allgemeinen Mineralogie und Strukturlehre vertraut gemacht: der Kristall — die Schneeflocke — hat eine ganz bestimmte, gesetzmäßige und regelmäßige Gestalt oder Form; der Kristall weist ganz bestimmte physikalische und chemische Eigenschaften auf — die Schneeflocke z. B. schmilzt bei 0° C.

Demzufolge unterscheidet man bei der Allgemeinen Mineralogie drei große Hauptgebiete: 1. die Kristallmorphologie oder die Lehre von der Form der Kristalle, und zwar einerseits die Lehre von der äußeren Form und andererseits von dem, was man als innere Form bezeichnen könnte und das man meistens Struktur nennt; 2. die Kristallphysik, welche sich mit allen physikalischen Phänomenen an kristallisierten Stoffen befaßt und 3. die Kristallchemie, welche die chemische Natur des Stoffes, seine Umwandlung in festem Zustand und dergleichen berücksichtigt; des weiteren kann man hinzufügen 4. die allgemeine Lehre vom Entstehen und Zusammenvorkommen der (natürlichen) Mineralien.

Edelsteine, Bergkristalle, Schneeflocken sind nur ganz wenige, besonders markante und leuchtende Beispiele von Kristallen. Meistens sind sie sehr klein und als solche kaum zu erkennen: sämtliche Gesteine sind nichts anderes als ein zusammenhängendes Haufwerk von Einzelkristallen; die Böden, in welchen die Pflanzen wachsen, bestehen aus manchmal kaum mit dem Mikroskop erkennbaren Mineralien; sämtliche Erzlagerstätten und alle Lagerstätten unserer Rohstoffe, von Salzen usw. bestehen aus kristallisiertem Stoff. — Aber nicht nur diese in der Natur vorkommenden Kristalle, die man auch Mineralien nennt, sind unser Untersuchungsobjekt; in eben demselben Maße sind es auch alle einigermaßen festen Produkte, welche die Chemiker, die Ingenieur-Chemiker und die Ingenieure in ihren Laboratorien und Werkstätten herstellen und bei ihren Konstruktionen verwenden. Es sind Stoffe von anorganischem *und* organischem Charakter: sämtliche Metalle und Legierungen sind kristallisiert, ebenso wie Tone, Zement, Bausteine — der organische Chemiker erhält seine synthetisch hergestellten, hauptsächlich aus Kohlenstoff, Wasserstoff, Sauerstoff und Stickstoff bestehenden Verbindungen oft in Form von Kristallen, wenn sie auch häufig nur mit dem Mikroskop als solche erkennbar sind. — Im höheren Tierreich sind es die Knochen und Zähne, welche zu einem sehr großen Teil aus kleinen Kriställchen bestehen; in weiterem Sinne sind auch Holz, weiter Haare, Nägel, Knorpel und die Muskeln kristallin

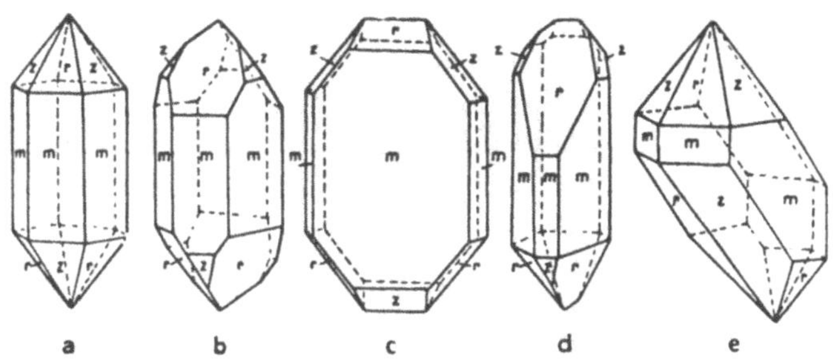

Abb. 1. Verschiedene Ausbildungen von Quarzkristallen [aus P. Niggli, Probleme der Naturwissenschaften. Basel, Birkhäuser, 1949]

gebaut. Die schönsten biologisch wichtigen Kristalle finden wir in den Virus, jenen Gebilden, die zwischen den größten Molekülen der organischen Chemie und den kleinsten Lebewesen stehen und die leider z. T. als Erreger höchst gefährlicher Krankheiten bei Pflanze, Tier und Mensch bekannt geworden sind. — *Der kristalline Zustand findet sich somit in der unbelebten wie in der belebten Natur vor; er ist sowohl für natürlich vorkommende, wie für die künstlich hergestellten festen Stoffe der Aggregatzustand par excellence.* Wir stellen daher den Satz auf: *Jeder einheitliche Stoff, der nicht gasförmig oder flüssig ist, ist — in weiterem Sinne — ein Kristall.* Der kristallisierte Zustand ist daher außerordentlich weit verbreitet und von ganz grundsätzlicher Wichtigkeit; sozusagen alles, was wir täglich in die Hand nehmen, besteht aus kleinsten Kristallindividuen. Es ist daher wohl gerechtfertigt, diesen *kristallisierten Zustand* in einer *eigenen Wissenschaft*, der *Kristallographie*, aufs intensivste zu bearbeiten und zu erforschen.

Die angeführten Beispiele stellen vorläufig bloße Behauptungen dar, und es ist jetzt an der Zeit, an Hand einfach gewählter Überlegungen einen Begriff von äußerer und innerer *Morphologie* sowie von Physik und Chemie der Kristalle zu geben.

Betrachten wir verschiedene Ausbildungen von Quarzkristallen (Abb. 1). Alle fünf Quarze sind von Flächen analoger Lage begrenzt, welche dieselben Winkel gegeneinander bilden; wo immer auch auf der Welt sich Quarzkristalle mit diesen Flächen vorfinden, stets sind die Winkel zwischen den Flächen dieselben. Dieses *Gesetz der Winkelkonstanz* stammt vom dänischen Naturforscher N i l s S t e n s e n, lateinisch N i c o l a u s S t e n o, welcher im Jahre 1669 in Florenz eine Schrift: „De solido intra solidum naturaliter contento dissertationis prodromus" über den Bergkristall veröffentlichte. Damals betrachtete man den Quarz als wegen der großen Kälte sehr hartes Eis (= crystallos)! Steno ist zusammen mit seinem Landsmann E r a s m u s B a r t o l i n u s, der ebenfalls im Jahre 1669 die Doppelbrechung des Calcites veröffentlichte, der Begründer der wissenschaftlichen Kristallkunde. Das Gesetz der Winkelkonstanz erwähnte er allerdings mehr beiläufig und nicht als eigentlichen „Fundamentalsatz". Dies tat im Jahre 1688 der Italiener D o m e n i c o G u g l i e l m i n i in seiner in Bologna erschienenen Arbeit: „Riflessione filosofiche dedotte dalle figure de' sali etc. — In der Folge waren es zwei Schweizer, welche die Kristallkunde ganz wesentlich förderten: einmal J o h a n n H e i n r i c h H o t t i n g e r, dessen Dissertation in Zürich im Jahre 1698 unter dem Titel „*Krystallologia*" erschien (er schrieb sie im Alter von 18 Jahren) und dann M o r i t z A n t o n C a p p e l l e r von Luzern, der 1723 seinen „*Prodromus Crystallographiae*" herausgab. H o t t i n g e r s Dissertation, auf Anregung J o h a n n J a k o b S c h e u c h z e r s ausgeführt, behandelt ausschließlich den „crystallus montium", den Bergkristall; sie ist die erste Kristallologie und stellt die beste Zusammenfassung der damaligen Ansichten über die Entstehung des Bergkristalles dar. Abb. 2 zeigt eine Tafel mit Zeichnungen von J o h. C o n r a d K e l l e r. Sie zeugt von scharfer Beobachtungsgabe; besonders die Gruppe mit den parallel verwachsenen Individuen ist recht gut gelungen. — C a p p e l l e r behandelt in seiner „Kristallographie" (das Wort tritt hier zum ersten Male auf) nicht nur Bergkristalle, sondern auch andere Mineralien mit eigener geometrischer Gestalt; er nennt sie *„sogenannte* Kristalle" (Abb. 3: 2 = Quarz, 3 = Amethyst, 4 = Calcit, 6 = Kandiszucker, 7 = Salpeter, 8 = Kupfervitriol, 9 = Kaliumsulfat, 10 = Alaun, 1 = Hohlform des Kochsalzes, 14/18 = Granate, 16/17 = Zirkon usw.). Die Zeichnungen sind zum Teil ausgezeichnet; besonders Granat, Calcit und Quarz sind sogleich zu erkennen.

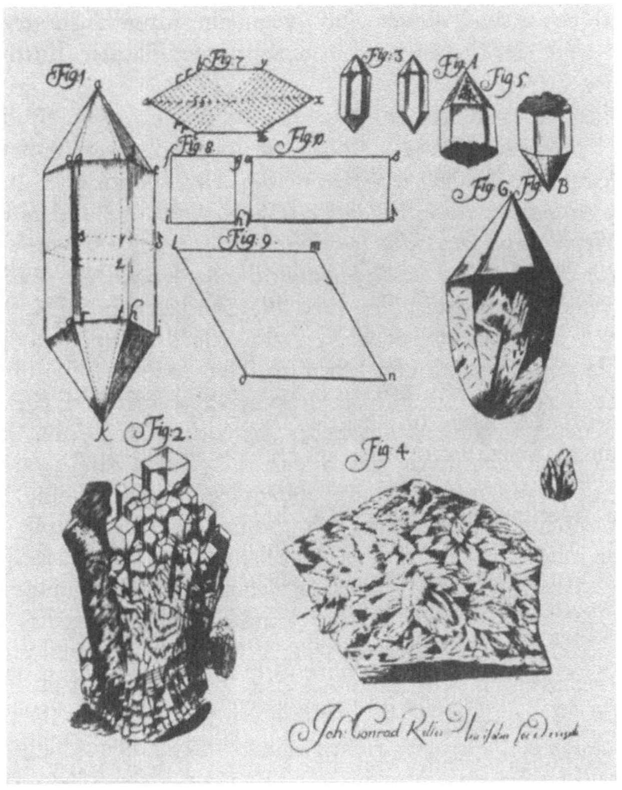

Abb. 2. Tafel aus Johann Heinrich Hottingers *„Krystallologia"* (1698), herausgegeben von P. Niggli bei Sauerländer, Aarau, 1946.

Wesentliches Ergebnis ist, daß der frei wachsende Kristall von *ebenen* Flächen begrenzt ist und daß jede chemische Substanz ihre eigenen bestimmten Formen aufweist. Abb. 4 zeigt einen Rauchquarz und Abb. 5 stellt die häufigsten in der Natur vorkommenden Quarzformen dar. Die Formenmannigfaltigkeit scheint unübersehbar, aber sie scheint es wirklich nur; denn in Wirklichkeit sind alle diese Formen durch ein zweites fundamentales Gesetz, das *Rationalitätsgesetz* miteinander verknüpft. Dieses Gesetz stammt vom berühmten französischen Kristallographen Abbé René Just Haüy, geb. 1743. Es sagt aus, daß alle Flächen, die an irgendeinem Kristall einer gegebenen Substanz auftreten, auseinander mittels kleiner, ganzen Zahlen ableitbar sind, derart, daß, wenn eine Grundfläche gegeben ist, die Lage aller denkbaren und beobachtbaren Flächen durch sie bestimmt ist.

Die allerwichtigste Erkenntnis aber, welche aus dem Studium der äußeren Form der Kristalle folgt, ist die, daß diese äußere Form stets regelmäßig, irgendwie gesetzmäßig, rhythmisch oder periodisch ist. Man bezeichnet diese Eigenschaft als *Symmetrie* und es ist dieses *Symmetrieprinzip, das die gesamte Allgemeine Mineralogie von Grund auf beherrscht.* Verbindet man die beiden spitzen Enden eines Bergkristalles, so wiederholen sich die Flächen um diese Achse je nach 120°; man bezeichnet diese Achse als dreizählige Symmetrieachse. Sehr oft läßt sich eine Ebene finden, so daß linke und rechte Hälfte des Kristalles wie Bild und Spiegelbild aussehen; dies ist eine Spiegelebene. Von außerordentlicher Bedeutung ist es nun, daß man im gesamten Kristallreich nie andere als zwei-, drei-, vier- oder sechszählige Symmetrieachsen gefunden hat. Es gibt keine Kristalle mit fünf- oder siebenzähligem Rhythmus. In der Natur herrscht gegenüber den mathematischen Möglichkeiten eine ausgesprochene *Selektion.* Symmetrieachse und Spiegelebene bezeichnet man als *Symmetrieelemente.* An einem Kristall können auch gleichzeitig mehrere Symmetrieelemente vorhanden sein. Eine solche Kombination von Symmetrieelementen heißt *Kristallklasse.* Es ist möglich zu beweisen, daß es nur 32 verschiedene Kristallklassen gibt, was die Beobachtung vollauf bestätigt. Die erste richtige und vollständige Ableitung aller 32 Kristallklassen stammt von Hessel aus dem Jahre 1830. In Abb. 6 a und 6 b sind diese 32 Klassen mit ihren Symmetrieelementen dargestellt. Kristallisiert also irgendein Stoff, so ist die Symmetrie seiner äußeren Gestalt in einer der 32 Klassen enthalten.

Diese Symmetrie- und Formenlehre wurde von den Mineralogen und Kristallographen in den vergangenen 100 Jahren außerordentlich intensiv bearbeitet und weiterentwickelt. Diese Entwicklung hat in drei Standardwerken, im achtzehnbändigen *„Atlas der Kristall-*

formen" von Victor Goldschmidt, in der fünfbändigen „*Chemischen Krystallographie*" von Paul Groth und im „*Kristallreich*" von E. S. Fedorow, außer in vielen Büchern der speziellen Mineralogie, einen Höhepunkt erreicht. Das erste Werk enthält alle morphologischen Daten, die je an natürlichen, das zweite

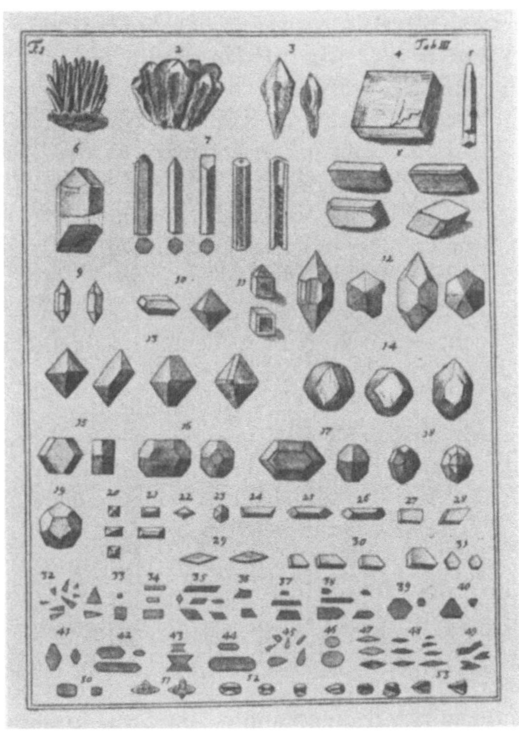

Abb. 3. Kristallzeichnungen aus M. A. Cappellers „*Prodromus Crystallographiae*" (1723). [München, Piloty & Loehle, 1922]

alle diejenigen, welche an künstlichen Kristallen (auch der organischen Verbindungen) bestimmt worden sind, und im dritten wurde der Versuch unternommen, jede Substanz rein morphologisch zu identifizieren (Kristallochemische Analyse). In grundsätzlicher Hinsicht ist diese Forschungsrichtung außerdem von Paul Niggli in meisterhafter Weise weiterentwickelt worden.

Für uns, die wir lediglich einen allgemeinen Begriff zu vermitteln versuchen, mögen diese Ausführungen über die äußere Morphologie genügen. Wir haben uns jetzt der *inneren Morphologie*, der *Struktur der Kristalle*, zuzuwenden.

Die äußere Eigengestaltigkeit jeder chemisch definierten Substanz muß ein Ausdruck einer inneren Gesetzmäßigkeit sein. Um die regelmäßige äußere Gestalt der kristallisierten Materie zu erklären, sind offensichtlich zwei Betrachtungsweisen naheliegend: eine „naive" und eine mehr „spekulative"; wir werden sehen, daß sich die „spekulative" als die „richtige" erwiesen hat. Die „naive" kann man am Beispiel des Kochsalzes erläutern: Kochsalz kristallisiert in Würfeln; man kann es gut spalten und immer entstehen wieder Würfel; dampft man eine Kochsalzlösung langsam ein und verfolgt das Entstehen der Kristalle unter dem Mikroskop, so erkennt man von Anbeginn an meistens nur Würfel. Der („naive") Schluß, daß das Kochsalz aus kleinsten Würfelchen, welche die Größe von Molekülen besitzen, aufgebaut sei, ist daher naheliegend und wurde auch in früheren Jahrhunderten gezogen. — Im Gegensatz hierzu basiert die „spekulative" Betrachtungsweise auf der *Atomlehre* von Demokrit, einem griechischen Philosophen des 5. bis 4. Jahrhunderts v. Chr., derzufolge jeder Stoff aus weiter (wenigstens mit den gewöhnlichen chemischen Mitteln) nicht teilbaren Partikeln, den *Atomen*, besteht. Ist demnach jeder *Kristall* aus *Atomen* aufgebaut, so müssen diese Atome durch irgendwelche Kräfte zusammengehalten werden, und zwar — und dies ist jetzt das Wesentliche — können sie nicht in beliebiger, regelloser Weise im Raum angeordnet sein, sondern *ihre Lage im Raum* muß notwendigerweise vollkommen *regelmäßig* und *gesetzmäßig* sein, denn sonst würden doch sicherlich nicht so schöne, symmetrische, äußere Formen entstehen. Es ist erstaunlich, wie früh schon auch diese — jetzt als allein richtig anerkannte — Betrachtungsweise, z. T. parallel mit der „naiven", angewandt wurde. Hierüber möge folgender kleiner geschichtlicher Exkurs orientieren:

Kepler versuchte 1611 in der erwähnten Schrift eine Erklärung für den sechseckigen Schnee zu geben und stellte bei dieser Gelegenheit geistvolle Betrachtungen über regelmäßige Raumteilungen, über die Form von Granatapfelkernen, von Erbsen und Bienenzellen einerseits und über Kugelpackungen andererseits an. Er muß sicher als ein Begründer der *theoretischen Morphologie* angesehen werden; aber systematisch hat er sich mit Kristallographie nicht beschäftigt. Auch Steno (1669) und Bartolinus (1669) lieferten keine wesentlichen Beiträge zur Strukturtheorie. Dies geschah zum ersten Male von G u g l i e l m i n i, den man den Vater der theoretischen Kristallstrukturlehre nennen kann. Er hat in seiner im Jahre 1688 heraus-

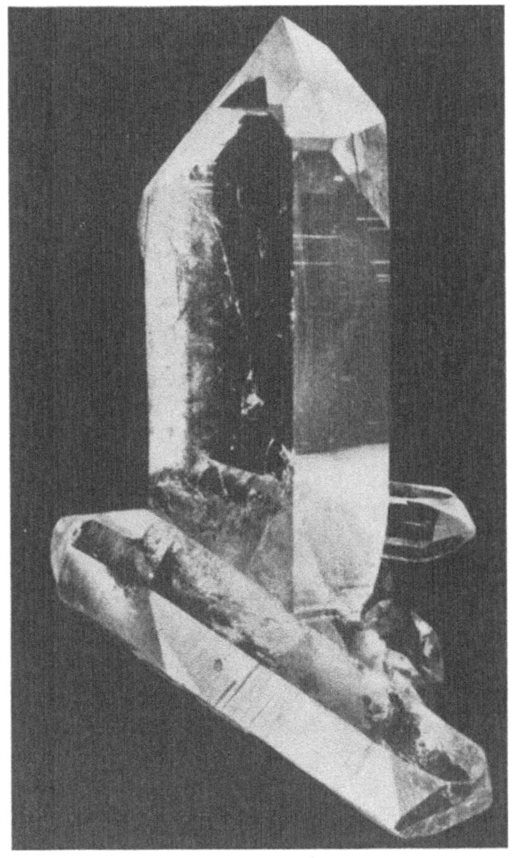

Abb. 4. Bergkristall (Quarz) [aus E. L., Heimatwerk (Zürich) *13* (1948) S. 57]

gegebenen Schrift an Hand von *Beobachtungen* an natürlichen Mineralien und an künstlichen Kristallen, wobei ihm das von L e e u w e n - h o e k erfundene Mikroskop sehr zustatten kam, erstens das *Gesetz der Konstanz der Flächenwinkel* klar erkannt und in explicite ausgesprochen, zweitens gesehen, daß jede Substanz, wenn sie kristallisiert, ganz bestimmte charakteristische, eigene Formen annimmt und drittens die Hypothese aufgestellt, daß es bei Salzen nur vier Grundtypen von Kristallformen — nämlich Würfel, sechs- und dreiseitiges Prisma, Oktaeder und beliebiges Parallelepiped — gebe und daß diese Grundformen aus unsichtbar kleinsten Teilchen derselben Gestalt zu-

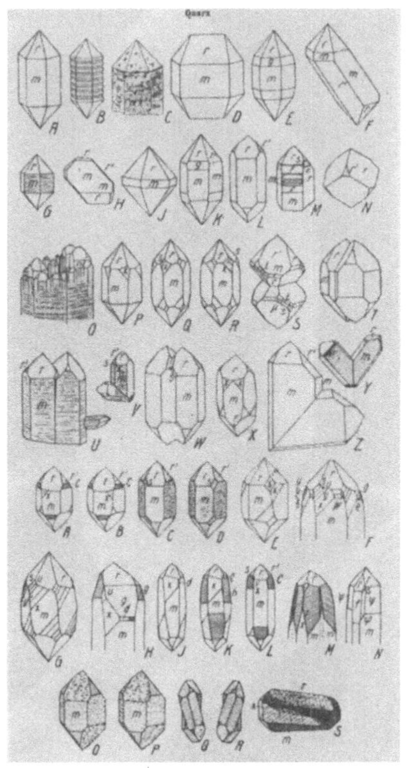

Abb. 5. Häufigste Formen des Quarzes [aus P. Niggli, Tabellen zur allgemeinen und speziellen Mineralogie. Berlin, Borntraeger, 1927]

sammengesetzt seien, wobei allerdings beim Oktaeder Lücken entstehen, für die man keine so rechte Verwendung fand. Guglielmini vertritt also durchaus die naive Betrachtungsweise. Cappeller fußte im wesentlichen auf Guglielmini, während Hottinger und vor allem dessen Lehrer Johann Jakob Scheuchzer (1708), dieser unter dem Einfluß des englischen Chemikers Boyle, von *Richtkräften* sprachen, welche beim Kristallisieren eine Ordnung in das atomare Gefüge bringen; Scheuchzer und Hottinger sind also — neben Boyle — die ersten, welche der „spekulativen" Betrachtungsweise des Kristallisationsprozesses zugetan waren, allerdings nahmen sie eine gewisse Deformation der Atome — in Richtung auf die Elementarteilchen Guglielminis — unter der Einwirkung der Richtkräfte an.

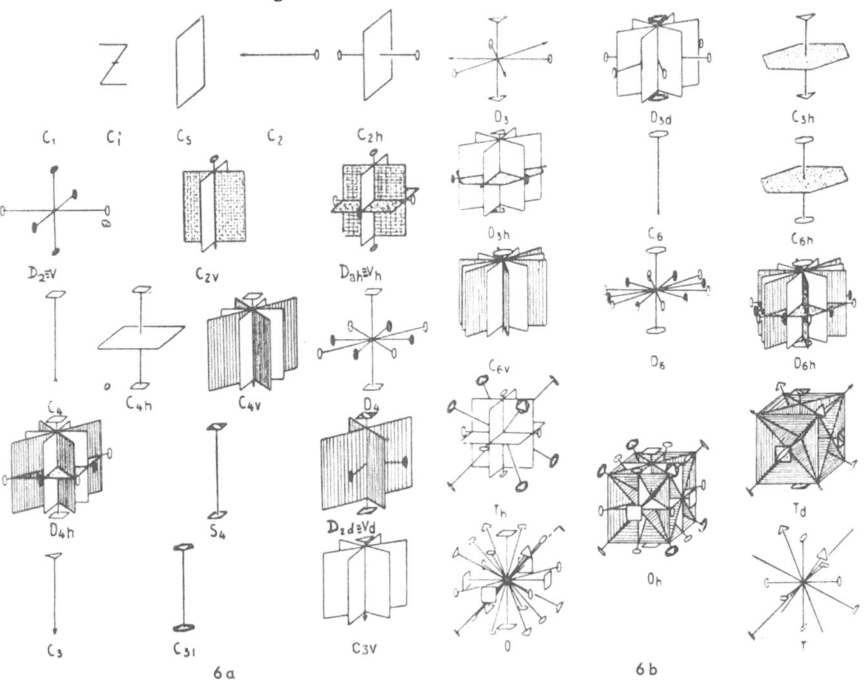

Abb. 6 a und 6 b. Die Symmetrieelemente der 32 Kristallklassen [aus P. Niggli, Krystallographische und strukturtheoretische Grundbegriffe. Leipzig, Akademische Verlagsgesellschaft, 1928]

Seit dem Erscheinen von Guglielminis Schrift vergingen aber rund 100 Jahre, bis seine Ideen wirklich Fuß faßten, nämlich in den Werken des Schweden Torbern Bergman (1773) und der Franzosen Delisle (1783) und Haüy (1784). Diese drei Forscher stellten die allgemeine Hypothese auf, daß jede Kristallform aus „*Primitivformen*" ableitbar sei. Diese Idee wurde durch die Beobachtungen am Kalkspat (Calcit) nahegelegt. Kalkspat spaltet vorzüglich nach kleinen Körperchen, Rhomboedern, und es gelang nun, die wichtigsten beobachteten Calcitformen auf Grund der Hypothese, daß ein Kristall aus *„molécules intégrantes"*, wie H a ü y die Elementarbausteine nannte, bestehe, zu erklären. Abb. 7 zeigt die Verhältnisse für Prisma (p) und Skalenoeder (s).

Die Kritik an der „naiven" Betrachtungsweise von B e r g m a n, D e l i s l e, H a ü y setzte 40 Jahre später durch L. A. S e e b e r, Professor in Freiburg i. Br., in seiner Schrift *„Versuch einer Erklärung des inneren Baues der festen Körper"* (1724) ein. S e e b e r stellte die Hypothese auf, daß ein Kristall aus kugeligen Teilchen bestehe, welche durch anziehende und abstoßende Kräfte derart im

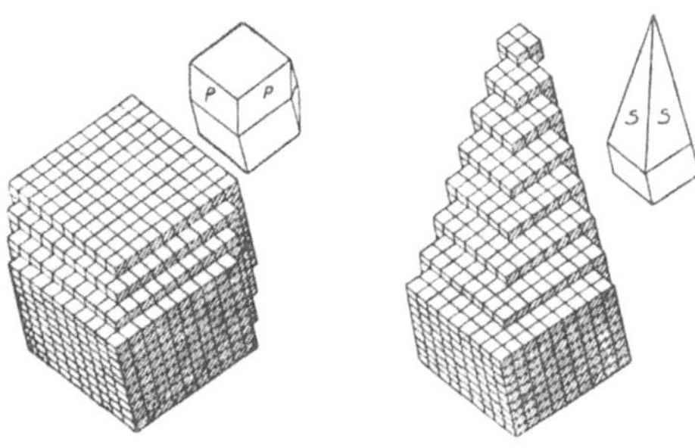

Abb. 7. „Molécules intégrantes" von H a ü y [aus H. T e r t s c h, Der Schlüssel zum Aufbau der Materie. Wien, Verlag für Jugend und Volk, 1947]

Gleichgewicht gehalten werden, daß sie im Raum in regelmäßiger, zellenförmig-parallelepipedischer Anordnung verteilt sind, ein Bild, welches sich vollkommen mit unserer heutigen Vorstellung vom Bau der Kristalle deckt, eine Vorstellung, die — wie wir sehen werden — eine gesicherte experimentelle Grundlage besitzt. S e e b e r hat also zum ersten Male den Sachverhalt völlig richtig erkannt, er war der erste, welcher sich schon im Jahre 1824 ein richtiges Bild vom Kristallbau machte und es ist erstaunlich, daß diese seine so wichtige Arbeit so wenig bekannt geworden ist.

Welche spezielle Form diese Zellen haben können, hat S e e b e r allerdings nicht systematisch untersucht. Dies geschah etwa gleichzeitig und unabhängig von dem Lieutenant zur See und Professor an der École Polytechnique A u g u s t e B r a v a i s (1848) und von M. L. F r a n k e n h e i m (1835 und 1856), Professor in Breslau, welche zeigten, daß die Elementarzellen von S e e b e r nur *vierzehn verschiedene Symmetrien* aufweisen können (Abb. 8, B r a v a i s - F r a n k e n h e i m - Gitter). Im Innern und zum Teil an der Oberfläche dieser Zellen hat man sich die Atome vorzustellen. Durch lückenlose, dreifach unendlich-periodische Aneinanderreihung der Zellen entsteht der gesamte (Ideal-) Kristall.

In den 14 Bravais-Frankenheim-Gittern ist jede der Kugeln genau gleich wie jede andere von den übrigen umgeben. Man könnte sich nun die rein mathematische Aufgabe stellen, *alle* derartige Systeme abzuleiten. Dies ist kein ganz einfaches Problem. Das Problem wurde

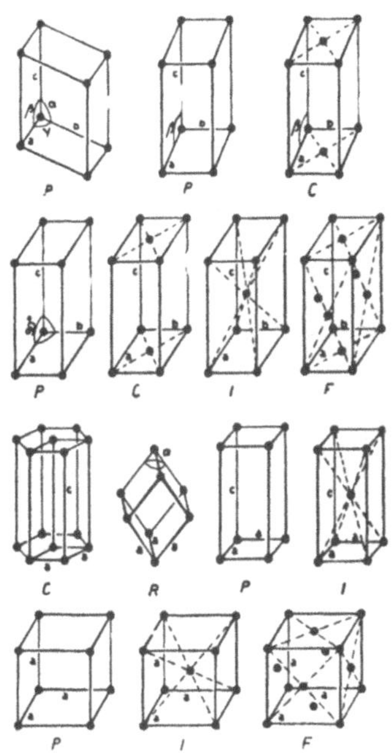

Abb. 8. Die 14 Bravais-Frankenheim-Gitter [aus J. M. Bijvoet, N. H. Kolkmeijer und C. H. MacGillavry, Röntgenanalyse von Kristallen. Berlin, Springer, 1940]

aber gelöst: zuerst leitete Sohncke (1879) in seinem Buche „*Entwicklung einer Theorie der Krystallstructur*“ 65 derartige „*regelmäßige Punktsysteme*“ (auch Raumsysteme oder Raumgruppen genannt) ab, wobei aber keine spiegelbildlichgleich umgebenen Teilchen vorkommen. Berücksichtigt man diese auch, so gelangt man — wie der russische Kristallograph Fedorow und der deutsche Mathematiker Schoenfließ (1890) abgeleitet haben — zu insgesamt *230 verschiedenen regelmäßigen Punktsystemen* oder *Raumgruppen.* Die Situation ist also die, daß die Symmetrieverhältnisse jedes kristallisierten Körpers (natürlicher oder künstlicher Herkunft) in einem der 230 rein mathematisch abgeleiteten Fälle enthalten ist. Die erste für den praktischen Gebrauch geeignete, ausführliche Darstellung stammt von P. Niggli (1919) in seinem berühmten Buche „*Geometrische Kristallographie des Diskontinuums*".

Auf eines nur möchten wir noch mit Nachdruck hinweisen, daß ist die Beziehung zu den 32 Kristallklassen. Bis jetzt wissen wir noch gar nicht, ob all die Theorien von Seeber — Frankenheim — Bravais — Sohncke — Fedorow — Schoenflies über

Abb. 9. Strukturmodell von Kupfer [aus P. Niggli, Grundlagen der Stereochemie. Basel, Birkhäuser, 1945]

Abb. 10. Strukturmodell von Magnesium [aus P. Niggli, Grundlagen der Stereochemie. Basel, Birkhäuser, 1945]

die Struktur der Kristalle auch tatsächlich der Wirklichkeit entsprechen. Nehmen wir einmal an, dies wäre der Fall, d. h. die innere Morphologie wäre wirklich durch die 230 Raumgruppen bestimmt, dann kann man beweisen, daß für die äußere Morphologie nur zwei-, drei-, vier- und sechszählige Symmetrieachsen in Frage kommen und daß die äußere Gestalt der Kristalle eine von 32 Symmetrien aufweisen muß und daß diese 32 Symmetriearten genau mit den an den Kristallen äußerlich beobachteten 32 Kristallklassen übereinstimmen. Folglich — so können wir mit gutem Grund schließen — hat die kristallisierte Materie höchst wahrscheinlich diesen von der Theorie nahegelegten zellen- und raumgitterartigen Aufbau. Dieser „morpho-

Abb. 11. Strukturmodell des Diamanten [aus P. Niggli, Grundlagen der Stereochemie. Basel, Birkhäuser, 1945]

Abb. 12. Strukturmodell des Graphits [aus P. Niggli, Grundlagen der Stereochemie. Basel, Birkhäuser, 1945]

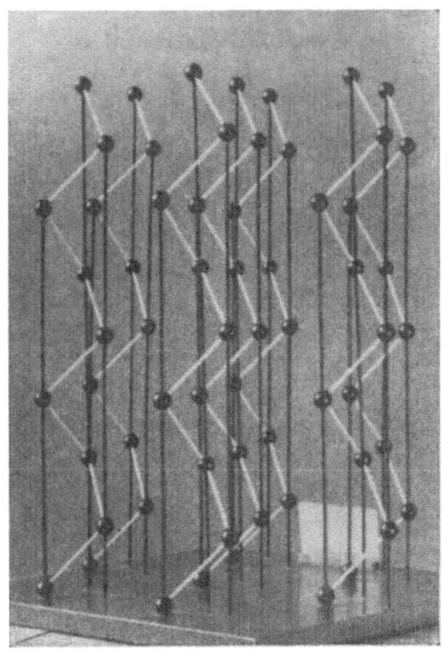

Abb. 13. Strukturmodell des Selens. [aus P. Niggli, Grundlagen der Stereochemie. Basel, Birkhäuser, 1945]

Abb. 14. Strukturmodell des Pyrites (FeS_2). Schwarze Kugeln = Fe, weiße Kugeln = S, graue Kugeln = Schwerpunkte der S_2-Gruppen [aus P. Niggli, Grundlagen der Stereochemie. Basel, Birkhäuser, 1945]

logische Beweis", wie man ihn nennen könnte, hat für uns ein ebenso großes Gewicht wie der noch zu besprechende „physikalische".

Bevor wir dazu übergehen, zu schildern, wie man experimentell die Struktur eines Kristalles bestimmt, soll an einigen Beispielen

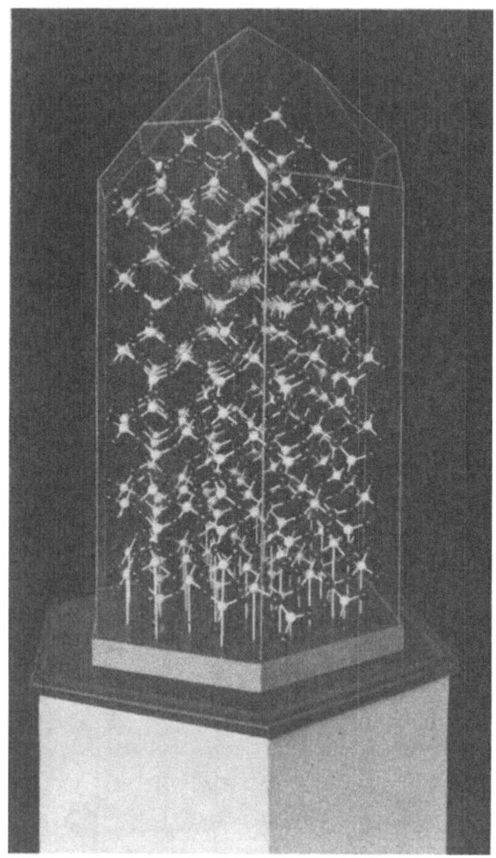

Abb. 15. Strukturmodell von Quarz.

der innere Bau, die innere Architektur der kristallisierten Materie erläutert werden. In den Abb. 9 bis 24 sind einige wichtige Kristallstrukturen wiedergegeben worden. Abstände in Kristallgittern werden nicht in Zentimetern, sondern in *Ångström-Einheiten,* mit

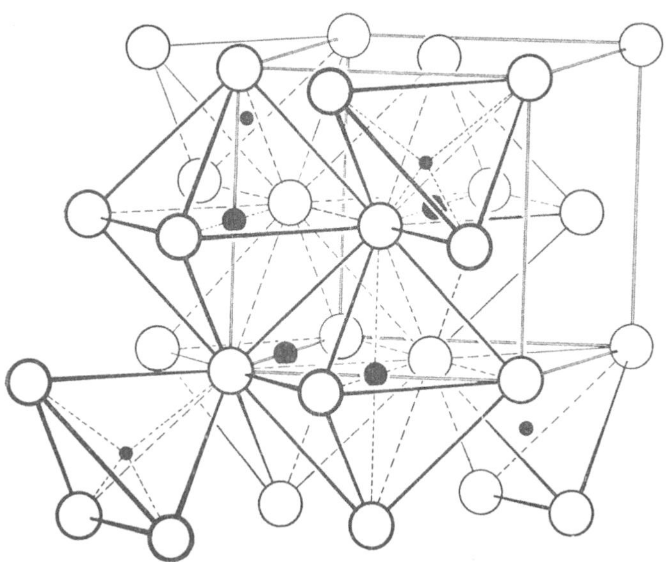

Abb. 16. Strukturmodell von Magnetit (Fe_3O_4). Schwarze Kugeln = Fe, weiße = O [aus E. Brandenberger, Grundlagen der Werkstoffchemie. Zürich, Rascher, 1947]

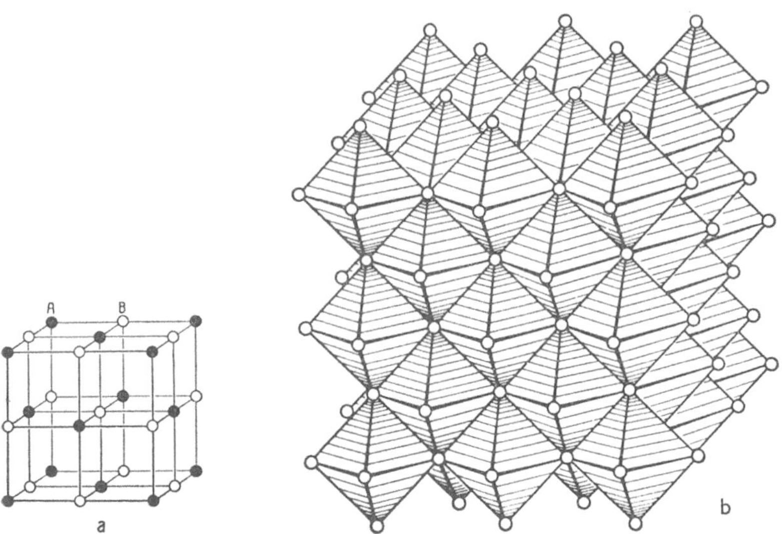

Abb. 17. Strukturmodell des Steinsalz (NaCl). a) Schwarze Kugeln = Na^+-, weiße = Cl^--Ionen (oder umgekehrt); b) Koordinationsoktaeder der Cl^- um die Na^+ (oder der Na^+ um die Cl^-) [aus P. Niggli, Grundlagen der Stereochemie. Basel, Birkhäuser, 1945]

$$1\ \text{Å} = \frac{1}{100\,000\,000}\ \text{cm} = 10^{-8}\ \text{cm}$$

gemessen. Der kürzeste Abstand zweier Natriumionen im Steinsalzkristall (Abb. 17) beträgt z. B. 5,6 Å.

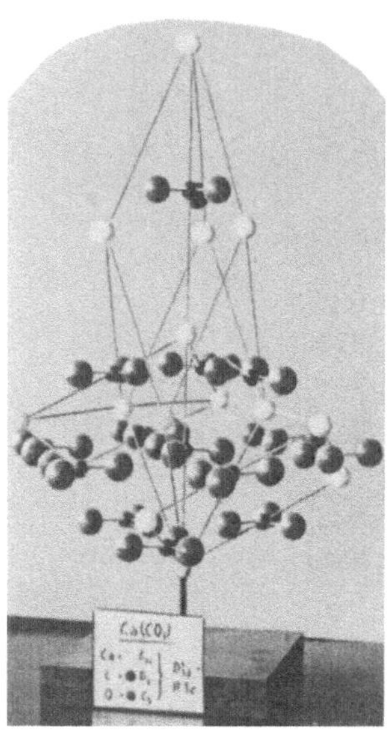

Abb. 18. Strukturmodell des Calcits ($CaCO_3$). Ca^{+2}- und $(CO_3)^{-2}$-Ionen.

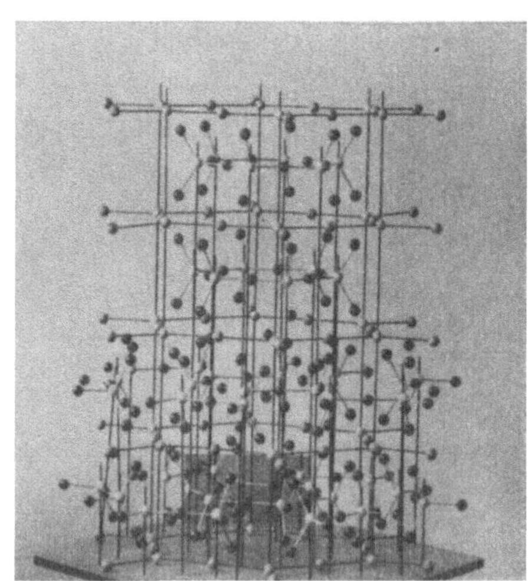

Abb. 19. Strukturmodell von Beryll ($Be_3Al_2Si_6O_{18}$). Sechserringe der SiO_4-Tetraeder [aus P. Niggli, Grundlagen der Stereochemie. Basel, Birkhäuser, 1945]

Konstruiert man ein Strukturmodell, bei dem die die Natriumionen darstellenden Kugeln einen kürzesten Abstand von 12 cm haben, so würde ein Steinsalzwürfelchen mit einer Kantenlänge von 5,6 mm im selben Maßstabe dargestellt, eine Kantenlänge von 1200 km

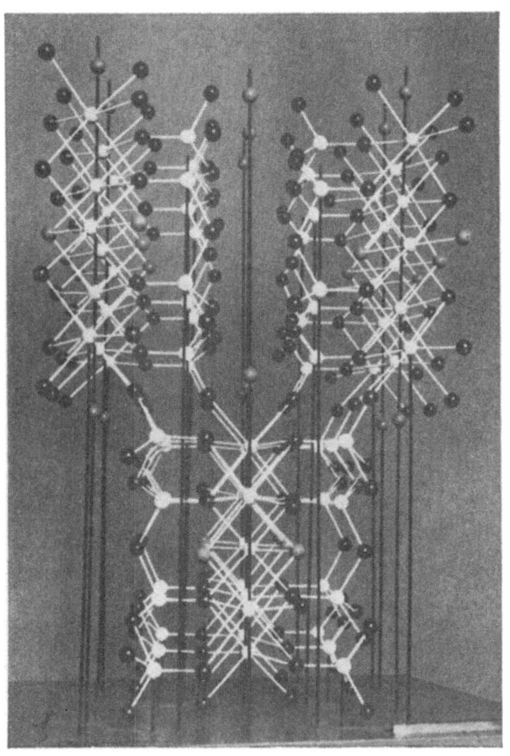

Abb. 20. Strukturmodell von Hornblende. Weiße Kugeln in Viererkoordination = Si, Al, in Sechserkoordination = Al, Mg, Fe, Ti, schwarze Kugeln = O, graue Kugeln = OH [aus P. Niggli, Grundlagen der Stereochemie. Basel, Birkhäuser, 1945]

(= Distanz Bern—Messina) aufweisen. Jede Elementarzelle hat die Gestalt einer der 14 Bravais-Frankenheim-Seeber-Zellen. Sie sind die „molécules intégrantes" von Guglielmini-Bergman-Delisle-Haüy und füllen den *„Kristallraum"* lückenlos, in dreifach-unendlicher Periodizität aus. Isolierte Einzelmoleküle wie [FeS_2], [SiO_2], [NaCl], [$CaCO_3$] oder [$KAlSi_3O_8$]

existieren im Kristall nicht (vgl. unten); der Molekülbegriff ist — außer bei den einfachen, organischen kristallisierten Verbindungen — verlorengegangen und sinnlos geworden. Jedes Atom (bzw. Ion), zusammen mit den periodisch gleichwertigen, bildet für sich ein Bravais-Frankenheim-Gitter. Die „naive" Anschauung betrachtet die Zellen als von Materie in gleichmäßiger Dichte erfüllt, die „spekulative" basiert auf in den Zellen in diskreter Weise ver-

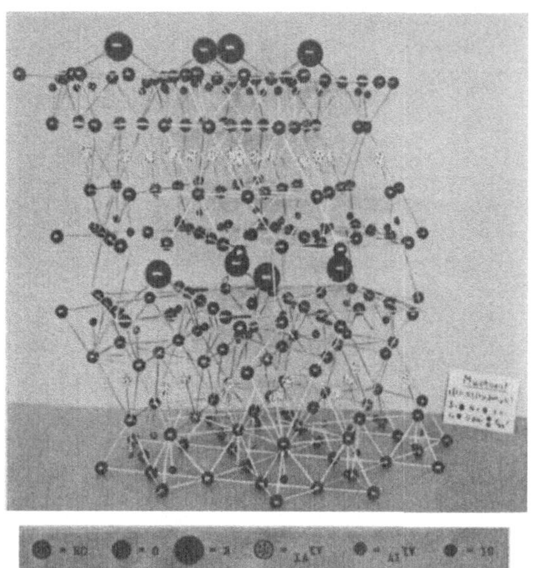

Abb. 21. Muskowitstruktur.

teilten Atomen. Wegen dieser diskontinuierlichen, aber gesetzmäßigen Atomanordnung wird das physikalische Verhalten in verschiedenen Richtungen verschieden, in parallelen Richtungen aber gleich sein. Ein Kristallraum mit diesen Eigenschaften bezeichnet man auch als *Diskontinuum.* — Aus alledem ergibt sich folgende Definition:

Ein Kristall ist ein homogenes, d. h. überall gleich beschaffenes, anisotropes, d. h. richtungsabhängiges Diskontinuum.

Diese Definition läßt an Prägnanz und begrifflicher Klarheit nichts zu wünschen übrig. Damit wollen wir das Kapitel über die Kristallmorphologie abschließen und fassen zusammen:

Jede frei wachsende homogene, kristallisierte Substanz nimmt eine

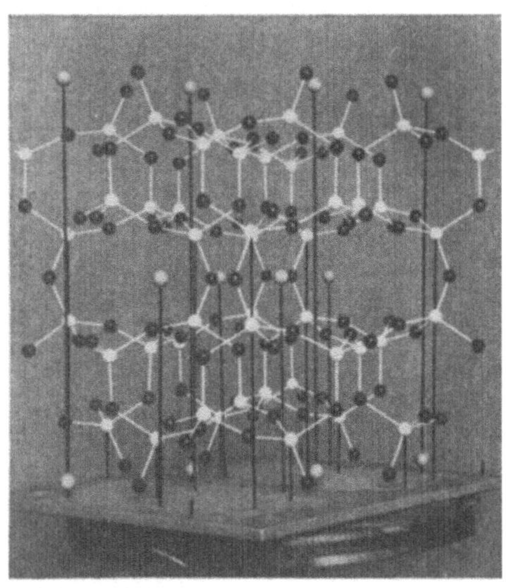

Abb. 22. Orthoklasstruktur ($KAlSi_3O_8$). Kleine weiße Kugeln = Si, Al, schwarze Kugeln = O, größere weiß-graue Kugeln = eingelagerte Kationen (K, Na, Ca) [aus P. Niggli, Grundlagen der Stereochemie. Basel, Birkhäuser, 1945]

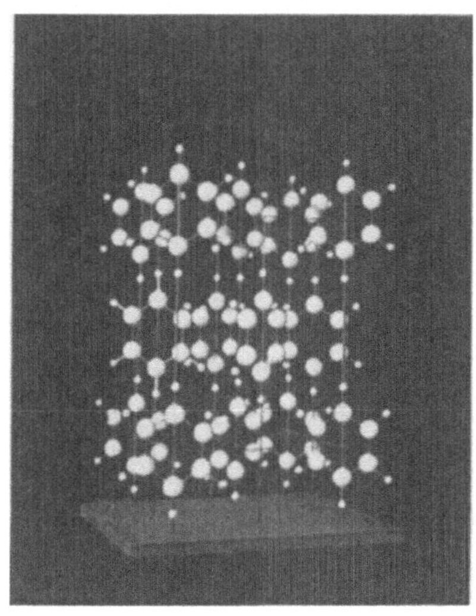

Abb. 23. Kristallstruktur des Benzols (C_6H_6). Große Kugeln = C, kleine = H.

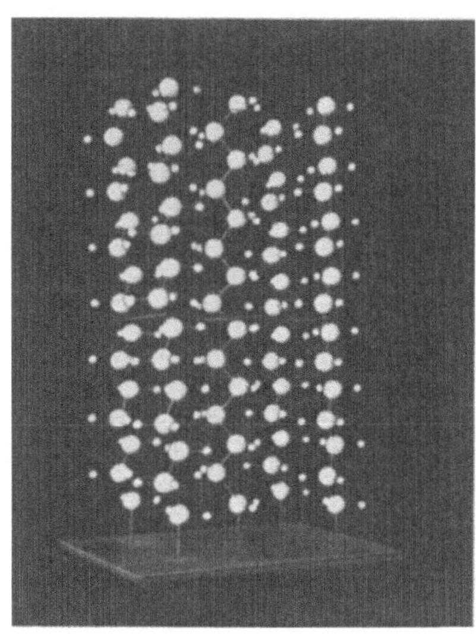

Abb. 24. Kristallstruktur von Paraffin. Kettenstruktur, große Kugeln = C, kleine = H.

charakteristische, von ebenen Flächen begrenzte, eigene äußere Gestalt an. Die Symmetrieverhältnisse werden durch die 32 Kristallklassen beherrscht.

Von der äußeren Form, die noch von manchen zufälligen Faktoren abhängen kann, abgesehen, besitzt jede kristallisierte Substanz eine charakteristische innere Gestalt, eine regelmäßig-gesetzmäßige zellenartige Struktur, deren Symmetrieverhältnisse durch die 230 Raumgruppen beschrieben werden. Auch wenn ein Kristall in tausend Stücke zerschlagen wird, behält er seine innere Struktur bei; sie ist das für sein Wesen eigentlich Charakteristische und Maßgebende.

*

Die *physikalischen* Eigenschaften eines kristallisierten Stoffes sind natürlich einerseits durch die Natur der aufbauenden Teilchen, andererseits ganz wesentlich durch deren Anordnung im Gitter, d. h. durch die Kristallstruktur bedingt. Führt man daher irgendwelche physikalische Messungen an festen Stoffen aus, so sollte man sich vorher vergewissern, in welchem Zustande sich diese Stoffe befinden. — Die Physik der Kristalle unterscheidet sich grundsätzlich von derjenigen, welche die Gase und Flüssigkeiten beherrscht, denn in diesen Stoffen führen die Atome und Moleküle ständig so große Bewegungen aus, daß ein wildes Durcheinander herrscht und daß von einer geordneten Periodizität keine Rede mehr sein kann. W o l d e m a r V o i g t hat diese Situation in der Einleitung zu seinem „*Lehrbuch der Kristallphysik*“ (1910) (Einleitung, S. 4) sehr anschaulich mit folgenden Worten beschrieben:

„Denken wir uns in einem großen Saal ein paar hundert ausgezeichnete Violinspieler, die mit tadellos gestimmten Instrumenten alle dasselbe Stück spielen, aber gleichzeitig an lauter verschiedenen Stellen beginnen, auch etwa nach Vollendung immer wieder von vorn anfangen. Der Effekt wird (wenigstens für den Europäer) nicht eben erfreulich sein, ein gleichmäßig trübes Tongemisch, aus dem auch das feinste Ohr das wirklich gespielte Stück nicht herauszuerkennen vermag, einzig charakterisiert durch den Umfang der überhaupt erreichten und durch die relative Häufigkeit aller berührten Töne.

Eine solche Musik nun machen uns die Moleküle in den gasförmigen, den flüssigen und den gewöhnlichen festen Körpern vor. Es mögen sehr begabte Moleküle sein, von kunstvoll reichem Aufbau — aber bei ihrer Wirksamkeit stört immer eines das andere; von ihren Qualitäten kommt in den beobachteten Erscheinungen keine voll und rein, manche überhaupt gar nicht zur Geltung.

Ein Kristall hingegen entspricht dem oben geschilderten Orchester, wenn dasselbe von einem tüchtigen Dirigenten einheitlich geleitet

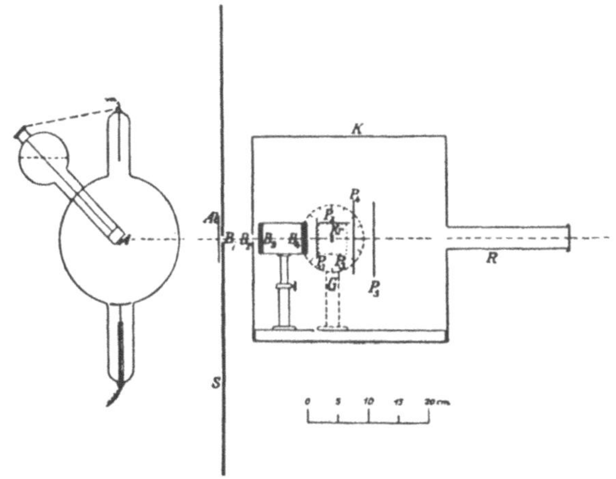

Abb. 25. Versuchsanordnung von Friedrich-Knipping-von Laue. A = Antikathode der Röntgenröhre, B = Blenden, Kr = Kristall, P_{1-5} = photographische Platte [aus W. Friedrich, P. Knipping und M. von Laue, Sitzungsber. K. Bayer. Akadem. Wiss., math.-phys. Kl. *1912,* 303]

wird, wenn alle Augen an seinen Winken hängen und alle Hände den gleichen Strich führen. Hier kommt Melodie und Rhythmus des vorgetragenen Stückes zu ganzer Wirkung, die durch die Vielheit der Ausführenden nicht gestört, sondern gestärkt wird.

Das Bild macht verständlich, wie Kristalle ganze Erscheinungsgebiete zeigen können, die bei den anderen Körpern absolut fehlen, und daß andere Gebiete sich bei ihnen in wundervoller Mannigfaltigkeit und Eleganz entwickeln, die bei den übrigen Körpern nur in trübseligen monotonen Mittelwerten auftreten. Nach meinem Gefühl tönt die Musik der physikalischen Gesetzmäßigkeiten in keinem anderen Gebiete in so vollen und reichen Akkorden, wie in der Kristallphysik."

Nach diesen Worten versteht man auch noch folgenden Satz über die ästhetische Seite der Kristallphysik aus Voigt's Einleitung: „Was die Forscher in der Kristallphysik anzog, war ganz sicher eine Art künstlerischen Genusses, den dies Gebiet mehr noch als andere Gebiete der Physik gewährt."

Wir wollen nun erläutern, mit welchen Hilfsmitteln die wunderbare Harmonie des Kristallinnern gesehen werden kann. Dazu müssen wir uns um 50 Jahre zurückversetzt denken.

Im Jahre 1895 waren von Röntgen die von ihm „*X-Strahlen*"

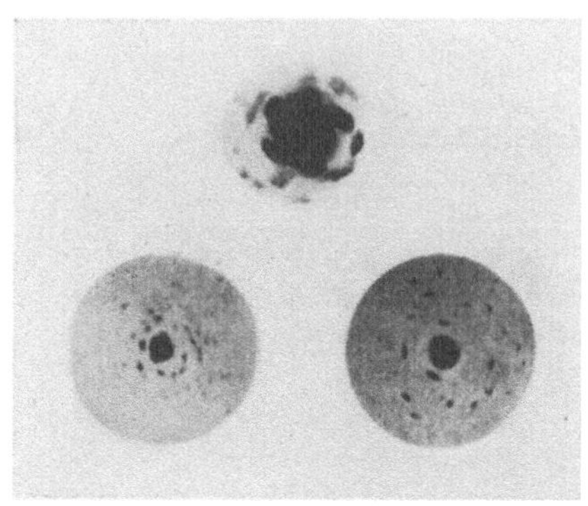

Abb. 26. Erste Lauediagramme an Kupfersulfat ($CuSO_4 \cdot 5\ H_2O$) [aus W. Friedrich, P. Knipping und M. von Laue, Sitzungsber. K. Bayer. Akadem. Wiss., math.-phys. Kl. *1912,* 303]

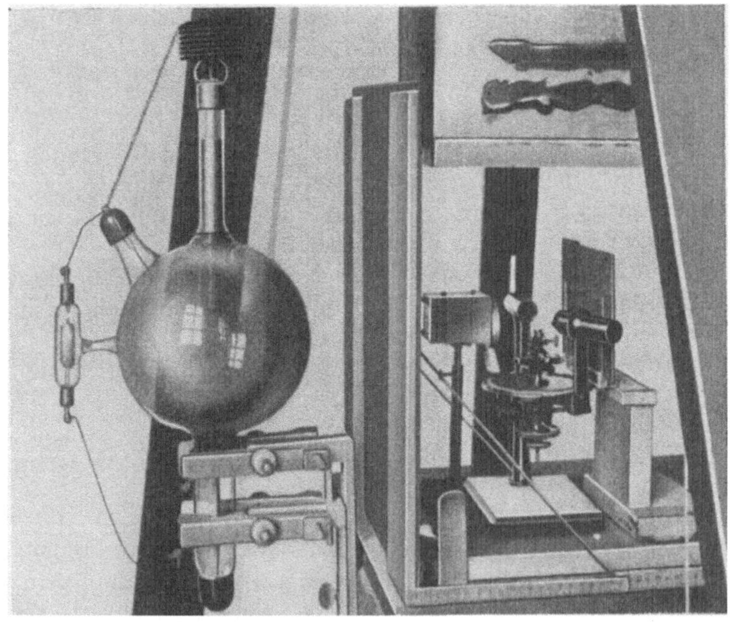

Abb. 27. Originalapparatur von Friedrich-Knipping-von Laue (Deutsches Museum in München) [aus P. P. Ewald, Hdb. Physik XXIII, 2, 2. A., Berlin, Springer, 1933]

genannten Strahlen entdeckt worden (englisch jetzt noch: X-rays), von denen man aber nicht wußte, ob sie Wellennatur besitzen oder als Korpuskeln zu betrachten seien. Durch Beugung an einem Spalt war der Wellencharakter der Röntgenstrahlen festgestellt worden, wobei sich als Wellenlänge eine ungefähre Größe von 1 Å$=10^{-8}$ cm ergab. Andererseits waren Beobachtungen, wie die Ionisierung eines Gases, vorhanden, die auf eine korpuskulare Natur der Röntgenstrahlen hinwiesen. Dazu kam, daß von kristallographischer Seite — wie ausführlich erläutert — seit langem die raumgitterartige Struktur der Kristalle postuliert worden war. Besonders an der Universität München wurden diese Probleme öfters diskutiert, da dort der Mineraloge Paul von Groth, der stark strukturell orientiert war, wirkte. Des weiteren war München dank A. Sommerfeld und W. Röntgen ein Zentrum für theoretische und experimentelle Physik, das viele junge Physiker anzog. Als Dozent wirkte im Jahre 1912 am Institut von Sommerfeld Max von Laue und ein Schüler Sommerfeld's, Peter Paul Ewald, beschäftigte sich in seiner Dissertation mit einer Frage der Kristalloptik. Eines Abends, als die beiden Wissenschaftler miteinander diskutierten, richtete von Laue an Ewald die gedankenschwere Frage: „Aber sagen Sie nur: was geschieht mit ganz kurzwelligem Licht in einem Kristall?" (zit. nach P. P. Ewald, Z. Krist. *97* (1937) S. 1). Vielleicht faßte Max von Laue an jenem Abend den Gedanken, die ihrem Wesen nach noch ungeklärten Röntgenstrahlen auf einen Kristall fallen zu lassen und nachzusehen, was mit ihnen geschieht. Zwei Doktoranden von Röntgen, Friedrich und Knipping, versuchten das Experiment auszuführen, anfänglich aber ohne Erfolg, und zwar aus folgendem Grunde (Abb. 25): die photographische Platte, welche die gesuchten Effekte registrieren sollte, wurde *vor* (P_1) bzw. über und unter (P_2, P_3) den Kristall (Kr) gestellt, wie es für die Untersuchung von gestreuter Strahlung sinnvoll ist; erst als die Platte (P_4, P_5) hinter dem Kristall fixiert wurde, beobachtete man auf ihr gewisse Schwärzungsflecke. Diese Aufnahmen bezeichnet man heute als *Lauediagramme.* Als erster Kristall wurde Kupfersulfat genommen, was seiner niedrigen Symmetrie wegen nicht sehr günstig war; Abb. 26 zeigt die ersten Lauediagramme an dieser Substanz, Abb. 27 die Originalapparatur (Deutsches Museum in München) und Abb. 28 eine Aufnahme an Zinkblende. Am 8. Juni 1912 legten Laue, Friedrich und Knipping ihre Arbeit *„Interferenz-Erscheinungen bei*

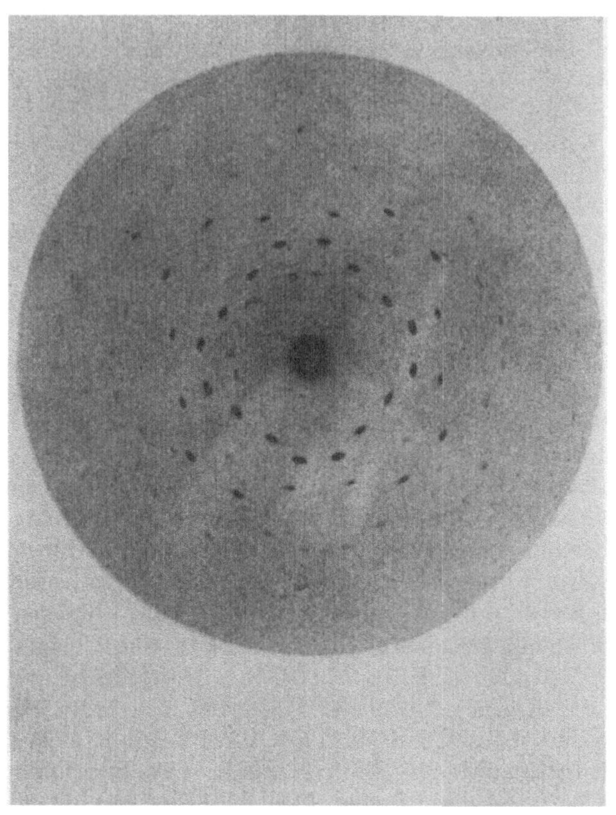

Abb. 28. Laueaufnahme an Zinkblende (einfallender Röntgenstrahl || a — Achse) [aus W. Friedrich, P. Knipping und M. von Laue, Sitzungber. K. Bayer. Akadem. Wiss., math.-phys. Kl. *1912,* 303]

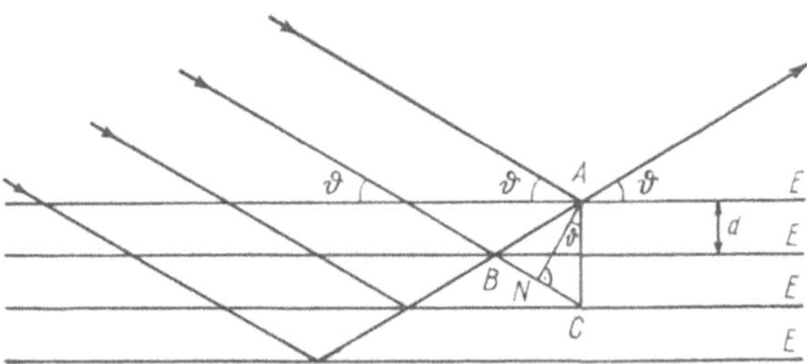

Abb. 29. Bragg'sche Auffassung des Interferenzvorgangs als Spiegelung der Röntgenstrahlen an den Netzebenen E des Kristalles gemäß der Gleichung $n\lambda = 2d\sin\vartheta$ (n = Ordnung, λ = Wellenlänge, d = Netzebenenperiode, ϑ = Glanzwinkel; NC = $2d\sin\vartheta$ = ganzzahliges Vielfaches von λ).

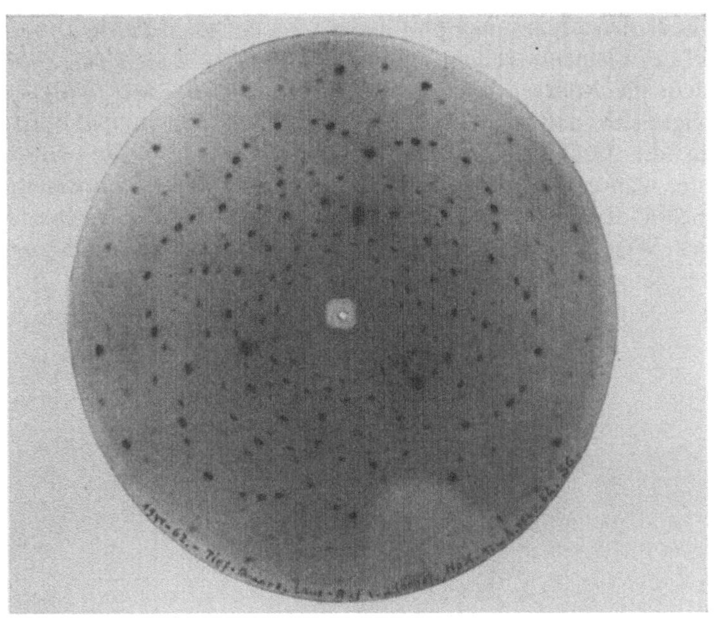

Abb. 30. Laueaufnahme an Quarz (Primärstrahl || der Hauptachse).

Abb. 31. Pulveraufnahme nach Debye-Scherrer-Hull an Steinsalz (NaCl).

Röntgenstrahlen" der Bayerischen Akademie der Wissenschaften vor. Sie wußten damals kaum, welche enorme Wirkung die Entdeckung dieser Erscheinung auf Mineralogie, Chemie und Technik haben würde. Im selben Jahre wurden diese Untersuchungen in England von Vater und Sohn Bragg aufgegriffen, und die beiden Bragg fanden die höchst anschauliche Deutung des *Interferenzvorganges als Spiegelung der Röntgenstrahlen an den atomaren Netzebenen des Kristallgitters* entsprechend der Gleichung (Bragg'sche Gleichung) $n\lambda = 2d \sin \vartheta$ (Abb. 29); sie waren es auch, welche die ersten Kristallstrukturen, nämlich Zinkblende (ZnS), Kochsalz (NaCl, Abb. 17), Kupfer (Cu, Abb. 9), Pyrit (FeS_2, Abb. 14), Flußspat (CaF_2) u. a. m. bestimmt haben. — Der Versuch von Laue zeigte also zweierlei: erstens bewies er die Wellennatur der Röntgenstrahlen, und zweitens bewies er den schon lange postulierten, periodischen Aufbau der Kristalle aus Elementarzellen; zwei Wissensgebiete waren neu entdeckt worden: die *Röntgenspektroskopie* und die *Röntgenkristallographie.* Es zeigte sich, daß man aus der Lage der Schwärzungsflecke auf der Platte die Größe und Symmetrie der Elementarzelle berechnen konnte, während eine Messung der Intensitäten die Anordnung der Atome in der Zelle, d. h. die genaue Kristallstruktur, ergibt. Dies ist der Weg, den man heute noch bei sämtlichen Kristallstruktur-

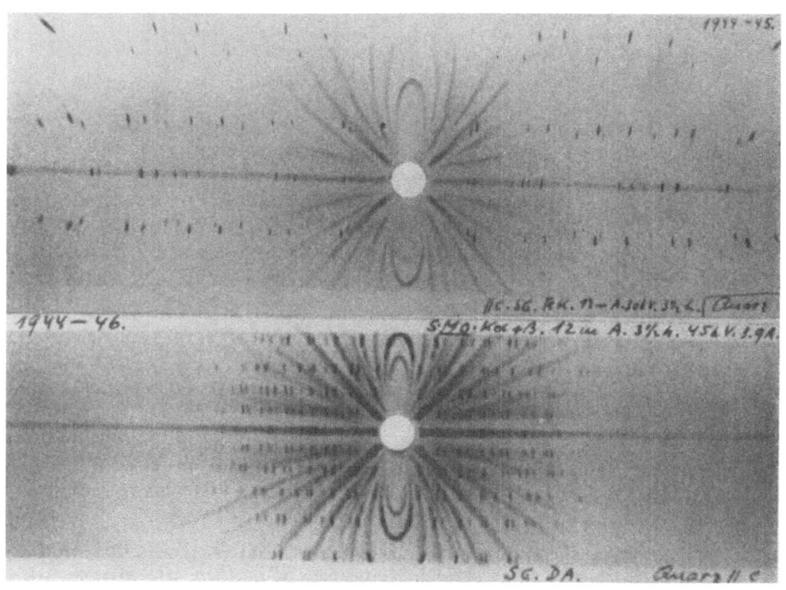

Abb. 32. Drehaufnahme an Quarz (Drehrichtung = Hauptachse). Oben: Fe-, unten Mo-Strahlung

bestimmungen — grundsätzlich betrachtet — beschreitet. Im Laufe der Zeit haben sich verschiedene besondere Verfahren zur Strukturuntersuchung entwickelt, von denen die wichtigsten erwähnt seien: a) Laue-Methode (Abb. 30, Quarz $\perp$ c-Achse), weißes Röntgenlicht, ruhender Einkristall, Film eben; b) Debye-Scherrer-Hull-Methode (Abb. 31, Steinsalz), homogenes Röntgenlicht von *einer* bestimmten Wellenlänge; Haufwerk von vielen kleinen beliebig orientierten Kriställchen (Kristallpulver) in Kapillare, die gedreht wird; Film zylindrisch um Präparat (oder eben); statt des Filmes kann auch eine Ionisationskammer oder ein Geiger-Müller-Zähler verwendet werden; c) Drehkristallmethode (Abb. 32, Quarz || c), homogenes Röntgenlicht; Einkristall, der um eine bestimmte

Abb. 33. Schiebold-Sauter-Röntgengoniometer, Ausführung d. Seemann-Laboratoriums, Konstanz [aus Seemann-Mitt. Nr. 38]

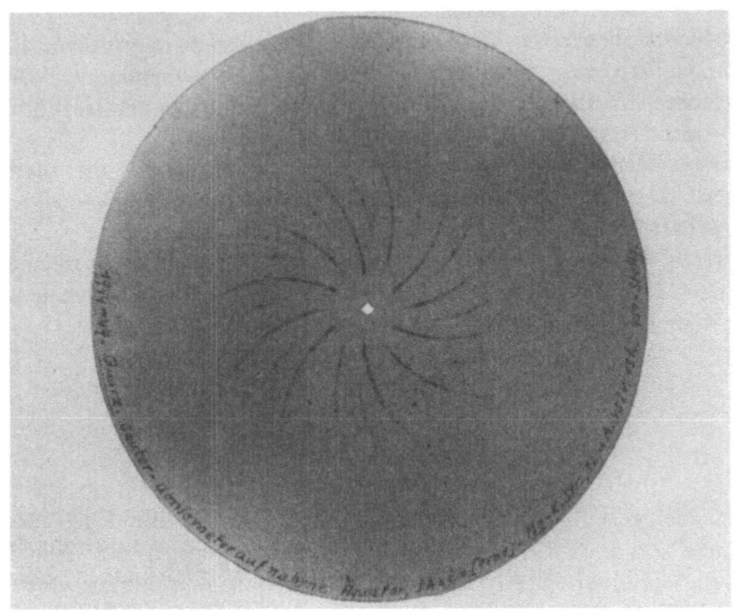

Abb. 34. Schiebold-Sauter-Aufnahme an Quarz (Drehrichtung = Hauptachse, Äquator).

Achse um 360° gedreht wird, Film zylindrisch (oder eben); statt Film auch Ionisationskammer (Bragg-Spektrometer) oder Geiger-Müller-Zählrohr; c') Schwenkmethode, wie c) Drehung um einen Winkel < 360°, hin und her (schwenken); d) Röntgengoniometermethoden, d_1) Schiebold-Sauter-Goniometer (Abb. 33), d_2) Weissenberg-Goniometer (Abb. 35); homogenes Röntgenlicht, Einkristall (gedreht oder geschwenkt); d_1) Film eben und gedreht (Abb. 34, Quarz ‖ c, Äquator), d_2) Film zylindrisch und parallel zur Kristallachse translatiert (Abb. 36, basisches Kupfernitrat ‖ b, Äquator).

Das Prinzip einer Strukturermittlung ist also immer dasselbe: man stellt sich mittels obiger Apparate Aufnahmen her, auf denen möglichst viele Schwärzungspunkte enthalten sind; mißt diese Aufnahmen was Lage und Intensität betrifft aus und kann hieraus — wenn man die Aufgabe im übrigen geschickt anpackt — die Kristallstruktur berechnen.

Dem Kristallographen genügt es aber nicht, den inneren Aufbau eines festen Stoffes nur rein morphologisch zu beschreiben; sein *Hauptziel* sollte immer sein, *sämtliche von der Struktur abhängige, physikalisch-chemische Eigenschaften zu verstehen versuchen,* d. h. z. B. die Beziehung zwischen der Natur der aufbauenden Teilchen, dem inneren Aufbau und der äußeren Gestalt und den makroskopisch meß- oder feststellbaren Eigenschaften zu ermitteln.

Einige Beispiele sollen im Folgenden erläutern, wie die mechanischen, thermischen, elektrischen und magnetischen sowie optischen Eigenschaften der Kristalle von ihrer Struktur abhängen.

Betrachten wir die *lineare Zusammendrückbarkeit* (Kompressibilität) der Metalle Be, Mg, Zn, Cd, welche alle vier in der hexagonal dichtesten Kugelpackung kristallisieren;

	$K_{\parallel}/K_{\perp}$	c / a
Be	0,78	1,58
Mg	1,00	1,63
Zn	8,5	1,86
Cd	8,7	1,89

Be ist aber gegenüber dem Idealfall etwas (‖ c) zusammengestaucht, während Zn und Cd etwas in die Länge gezogen sind. Bei der Messung einer kristallphysikalischen Größe muß man immer berücksichtigen, daß diese Größe von der Richtung, in der man mißt, abhängig ist; demzufolge müssen wir zwischen einer Kompressibilität parallel (||) und senkrecht (⊥) zur Hauptachse unterscheiden. Beim Mg, dessen Struktur die ideale ist, ist das Verhältnis beider gleich 1; beim Be wird *infolge der erläuterten strukturellen Verhältnisse* $K_{\parallel} < K \perp$ und beim Zn/Cd $K_{\parallel} > K \perp$.

Wird ein Kristall über seine Elastizitätsgrenze hinaus beansprucht, so erleidet er eine *plastische Verformung*, welche für alle Metalle von höchster Bedeutung ist, die aber auch bei Ionenkristallen wie Stein-

Abb. 35. Weissenberg-Röntgengoniometer, Ausführung Research Engineers Ltd., London (Leeds Weissenberg Goniometer). [Photographie der Fa. Research Engineers Ltd., London]

salz, Gips insbesondere bei höherer Temperatur oder unter Wasser eine Rolle spielt. Strukturell ist die plastische Deformation so zu deuten, daß infolge des Aufbaues der Kristalle aus Elementarzellen und damit aus Netzebenen eine „Gleitung" ganzer Schichtpakete parallel solcher Netzebenen, den „Gleitebenen", und zwar nur in ganz bestimmten Richtungen, den „Gleitrichtungen", stattfindet. Die Größe der Gleitung kann entweder beliebig sein oder ganz diskrete, durch die Struktur bestimmte Werte annehmen, wobei dann der abgeglittene Teil zum ursprünglichen spiegelbildlich steht, wodurch ein sogenannter Gleitzwilling entstanden ist. Der Gleitprozeß setzt erst dann ein, wenn die Tangentialspannung in der Gleitrichtung, die Schubspannung, einen bestimmten Wert überschreitet. Ist der

Kristall einmal deformiert und will man ihn im selben Maße weiter deformieren, so ist dazu eine größere Schubspannung als ursprünglich nötig. Dies ist die für Metalle äußerst wichtige Erscheinung der

Abb. 36. Weissenberg - Diagramm an basischem Kupfernitrat [$Cu_4(NO_3)_2(OH)_6$] (Drehrichtung = b — Achse, Äquator).

„*Verfestigung*". — Die plastische Verformung von Kristallen spielt auch in den aus ihnen bestehenden Gesteinskörpern bei großtektonischen Vorgängen eine wesentliche Rolle.

Anschaulich ist weiterhin einleuchtend, daß *Zerreißfestigkeit, Spaltbarkeit und Härte* unmittelbar von der Struktur und den zwischen den Atomen wirkenden Kräften abhängen. Es ist die

Gitterenergie, welche hier maßgebend ist, d. h. die Größe der Arbeit, die man aufwenden müßte, um alle Atome eines Gitters unendlich weit voneinander zu entfernen. Diese Gitterenergie kann in einfachen Fällen auch theoretisch berechnet werden und die Resultate stehen in gutem Einklang mit dem Experiment.

Führt man einem Kristall *Wärme* zu, so geht er bei einer bestimmten Temperatur in den flüssigen Zustand über: er schmilzt. Wie hat man sich dieses Schmelzen strukturell vorzustellen? Bis jetzt haben wir angenommen, daß die Atome starr an ihre Plätze gebunden sind, eine Vorstellung, die nur bei der allergrößten Kälte — am absoluten Nullpunkt — 273° C — zu Recht besteht. Ist die Temperatur höher, so führen die Atome, wie man beweisen kann, Schwingungen um eine Gleichgewichtslage aus, und zwar um so stärkere Schwingungen, je höher die Temperatur ist, weshalb man sie als *thermische* Schwingungen bezeichnet. In manchen Kristallen sind zusammenhängende Atomgruppen vorhanden, welche bei Temperatursteigerung zu oszillieren und zu rotieren beginnen. Diese thermischen Schwingungen sind von beträchtlicher Größe, beim Kochsalz z. B. betragen die Ausschläge im Mittel 0,6 Å bei etwa 620° C, d. h. etwa 10% der Länge der Kante der Elementarzelle. In einem Kristall herrscht demnach eine ungeheure Bewegung; aber trotzdem ist keine Unordnung vorhanden, denn die verschiedenen Atome bewegen sich nicht unabhängig voneinander, sie sind vielmehr miteinander gekoppelt. *Hierin besteht der wesentliche Unterschied gegenüber einem Gas.* Steigt die Temperatur immer mehr und mehr, so kommt ein bestimmter Moment, bei dem die thermischen Bewegungen über die zusammenhaltenden Gitterkräfte siegen und das Gitter bricht an allen Stellen gleichzeitig zusammen, d. h. der Kristall schmilzt. Das Schmelzen eines festen Körpers ist ein *kooperatives Phänomen;* solche kooperativen Phänome sind für Kristalle charakteristisch.

Auf Grund einer Kenntnis der Kristallstruktur und unter Zuhilfenahme der Quantentheorie ist es auch möglich, sich ein klares Bild über den Verlauf der *spezifischen Wärme,* über den Vorgang der *Wärmeleitung* und *Wärmeausdehnung* zu machen. Es ist jetzt wohl anschaulich klar, daß die thermische Ausdehnung vom Bauplan der Struktur abhängt. Das Element Antimon z. B. kristallisiert in einer Schichtstruktur; wir werden daher erwarten, daß die Ausdehnung parallel zur Hauptachse größer als senkrecht zu ihr ist; in der Tat ist $\alpha_{||} = 17 \cdot 10^{-6}$, $\alpha_{\perp} = 8 \cdot 10^{-6}$. In analoger Weise werden wir erwarten, daß die Wärmeleitfähigkeit innerhalb einer Schicht größer als normal zu ihr ist. Beim Graphit beispielsweise findet man $k_{\perp} / k_{\|} = 4{,}0$. Bei Gittern mit ausgesprochenem Kettencharakter (Se, Abb. 13) liegt die maximale thermische Leitfähigkeit parallel zur Kettenachse.

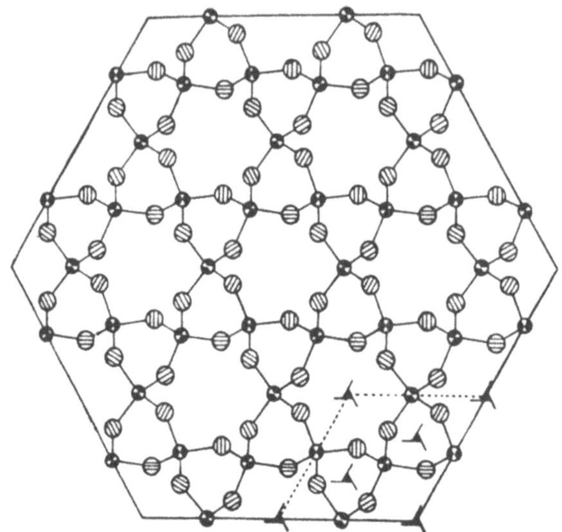

Abb. 37. Projektion der Quarzstruktur auf eine Ebene ⊥ Hauptachse. Kleine Kreise = Si, größere schraffierte Kreise = O.

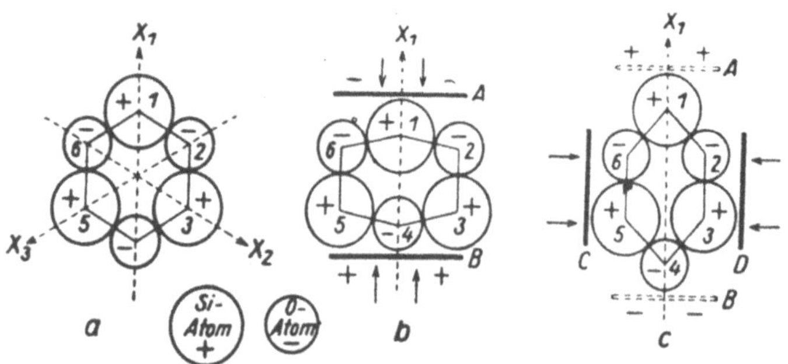

Abb. 38. Zur Theorie der Piezoelektrizität des Quarzes nach Scheibe [aus L. Bergmann, Schwingende Kristalle. Berlin, Teubner, 1937]

Aus dem Gebiet der *elektrischen* Eigenschaften der Kristalle sei zweierlei erwähnt: der piezoelektrische Effekt und die Bänder- oder Zonentheorie, welche für alle Fragen der elektronischen Leitfähigkeit von zentraler Bedeutung ist. Beide Erscheinungen sind von der allergrößten technischen Wichtigkeit.

Quarz ist der klassische Vertreter für einen *piezoelektrischen* Kristall. Projiziert man seine Kristallstruktur in Richtung seiner dreizähligen Achse auf eine Ebene, so erhält man Abb. 37. Nach Scheibe kann man sich die Struktur nun stark vereinfacht so vorstellen, daß man zwei O-Atome ineinanderfallen läßt und erhält dann Abb. 38. Schneidet man also aus einem Quarzkristall parallel zur dreizähligen Achse in der richtigen Orientierung einer Platte AB und übt auf sie einen Druck aus, so werden auf der einen Seite (B) die negativen Sauerstoffe (4) zwischen die positiven Silicium (3, 5) hineingedrückt, während auf der anderen Seite (A) das positive Silicium zwischen die negativen Sauerstoffe gerät. Dadurch müßte auf A eine negative und auf B eine positive Flächenladung entstehen, die man auch tatsächlich (b) beobachtet. Drückt man in der dazu normalen Richtung (c), so vertauschen sich die Vorzeichen. Dies ist der piezoelektrische Effekt. Ebenso wichtig ist aber seine Umkehrung: die Entstehung von Druck und Zug durch Anlegung eines elektrischen Wechselfeldes, wodurch der Kristall bei geeigneter Frequenz in Resonanzschwingungen gerät. Diese Resonanzschwingungen (60 000 Schw./sek) können benutzt werden, um — nach hinreichender Verstärkung — einen Synchronmotor anzutreiben, der z. B. in einer Uhr eingebaut ist. Dies ist das Prinzip der *Quarzuhr,* deren Unsicherheit also durch die Konstanz der Eigenschwingungen des Quarzes bedingt ist. Die Unsicherheit beträgt etwa 1/1000 Sek. pro Tag, d. h. 10^{-8}, oder in drei Jahren geht eine Quarzuhr auf ± 1 Sek. genau. Neuerdings hat man in der *Atomuhr,* welche die Schwingungen eines Ammoniakmoleküls als Steuerorgan verwendet, eine noch kleinere Unsicherheit von 10^{-10} erreicht (± 1 Sek. in 300 Jahren). — Schwingende Quarzplatten finden in der Hochfrequenz- und Radiotechnik, zur Erzeugung von Ultraschallwellen usw. eine außerordentliche Anwendung.

Ein anderes äußerst anziehendes Kapitel aus der Kristallphysik führt auf die Frage: wann ist ein Kristall ein *elektrischer Leiter, ein Halbleiter oder ein Isolator?* Wir brauchen nicht zu betonen, daß auch diese Frage von höchster technischer Bedeutung ist. Eine Antwort wurde erst möglich, als man die Wellenmechanik der Elektronen auf die *Elektronen im Kristallgitter* anwandte; man muß also zuerst die Struktur des Kristalles bestimmen und hierauf untersuchen, in welchen energetischen Zuständen die Elektronen im Gitter vorkommen können.

Wir gehen vom Einzelatom aus. Es besteht aus einem positiv geladenen Kern und negativ geladenen Elektronen, welche diesen Kern umkreisen. Die Elektronen können nicht irgendwelche Bahnen beschreiben und dabei beliebige Energiewerte annehmen, sondern es kommen für sie nur ganz bestimmte, diskrete Energiewerte in Frage (die Schrödinger-Gleichung, welche die Verhältnisse beschreibt, hat nur für diese bestimmten Energiewerte, die Eigenwerte, vernünftige Lösungen), wie dies graphisch in Abb. 39a) dargestellt ist.

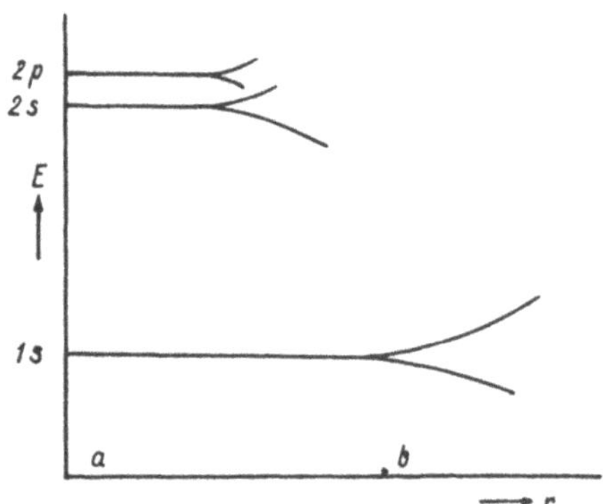

Abb. 39. Energie-Niveaus der Elektronen a) im Einzelatom, b) im Molekül (zweiatomig)

Fügen wir zwei oder mehrere Atome zu einem Molekül zusammen, so tritt eine Aufspaltung der Terme ein (Abb. 39b), und gehen wir schließlich zum Kristall über, der theoretisch aus unendlich vielen Atomen besteht, so erreicht die Aufspaltung hier ihr Maximum. Sind N Atome vorhanden, so entsteht aus jedem Term des Einzelatoms 2N Terme im Kristall, welche aber äußerst nahe beieinanderliegen, so daß man es praktisch mit einem *Energieband* oder einer *Energiezone* zu tun hat. *Das Auftreten von Energiebändern ist für den kristallinen Zustand charakteristisch.* Abb. 40 zeigt eine schematische Darstellung: schwarz = von Elektronen besetzte Energiezone, schraffiert = für Elektronen erlaubte, mögliche Energiezonen, weiß = für Elektronen verbotene, nicht-mögliche Zonen; verbotene Zonen werden nach oben (d. h. mit zunehmender Energie) schmäler. *Je nach der Breite und Lage der erlaubten und verbotenen Energie-*

bänder der Elektronen in einem Kristall ist dieser Kristall ein Isolator, ein Halbleiter oder ein Leiter. Fall (a) verbotene Zone ziemlich breit, unteres Band vollständig gefüllt, keine Möglichkeit für die Elektronen in höhere Zonen zu kommen ⟶ *Isolator;* b) verbotene Zone schmal, bei erhöhter Temperatur ist der Übergang „schwarz ⟶ gestrichelt" möglich, d. h. *Hochtemperatur-Halbleiter* [wichtige Bemerkung: die technisch bedeutsamen Halbleiter haben eine grundsätzlich andere Struktur, siehe unten]; (c) und (d): unterstes Band nur teilweise aufgefüllt bzw. Überlappung der erlaubten Zonen ⟶ *metallische Leitung,* d. h. die Elektronen können beim Anlegen einer Spannung in ein höheres Energieniveau kommen. — Diese Verhältnisse können zum Teil quantitativ durchgerechnet werden: Abb. 41, Alkalimetall (Na); Abszisse = Abstand r zwischen zwei Atomen, Ordinate = Energie, A = wirklicher Gleichgewichtsabstand: vollständige Überlappung der Bänder ⟶ guter Leiter, wie beobachtet; Abb. 42, Lithiumfluorid (LiF): Zonen überlappen beim wirklich vorhandenen Gleichgewichtsabstand A nicht; sie sind sehr schmal ⟶ heteropolarer (Ionen-)Charakter weitgehend bewahrt; partiell gefüllte Zonen existieren nicht ⟶ Isolator; Abb. 43, Diamant (C): sehr großer Abstand r — gute Trennung, mittlerer Abstand (~ 3 Å) — Überlappung, kleiner Abstand (~ 1,5 Å) wieder Trennung, r beim Diamanten ~ 1,5 Å ⟶ Isolator, wie es der Fall ist. — Graphit ist im Gegensatz dazu ein Leiter; Abstand der Netzebenen ~ 3 Å ⟶ ergibt beim Diamantdiagramm eine Überlappung; das Diagramm für Graphit ist natürlich im einzelnen ganz anders.

Kristalle sind aber nicht immer so vollkommen, wie wir es bis jetzt angenommen haben; manche enthalten Verunreinigungen, Fremdatome, die bei der Bildung mit ins Innere geschlüpft sind. Diese Fremdatome sind für den Kristall *Störstellen;* durch sie entstehen im Elektronentermaufbau zusätzliche Niveaus, welche für eine ganze Reihe von praktisch wichtigen Eigenschaften verantwortlich sind: *elektronische Leitfähigkeit in Ionenkristallen, Existenz von Halbleitern, Gesamtgebiet der Lumineszenz* (Fluoreszenz und Phosphoreszenz), um nur die wichtigsten zu nennen. Alle diese Erscheinungen können erst verstanden werden, wenn wir Kristallaufbau *und* Elektronenstruktur des Kristalles genau kennen.

Dies sind einige moderne kristallphysikalische Probleme; die ersten derartigen Probleme waren aber *optische,* die allerdings nach heutiger Auffassung auch elektromagnetischer Natur sind. Geht Licht durch einen Körper aus Glas, z. B. die Brillengläser, so wird ein einzelner Lichtstrahl von seiner ursprünglichen Richtung abgelenkt oder „gebrochen“; aber es ist nach wie vor nur *ein* Strahl vorhanden. Ganz anders bei vielen Kristallen! Der erste, der dies sehr genau beobachtete und beschrieb war der Däne Erasmus Bartholinus (Barthelsen), welcher im selben Jahre 1669, in dem Nicolaus Steno seine Abhandlung veröffentlichte, seine „*Versuche mit*

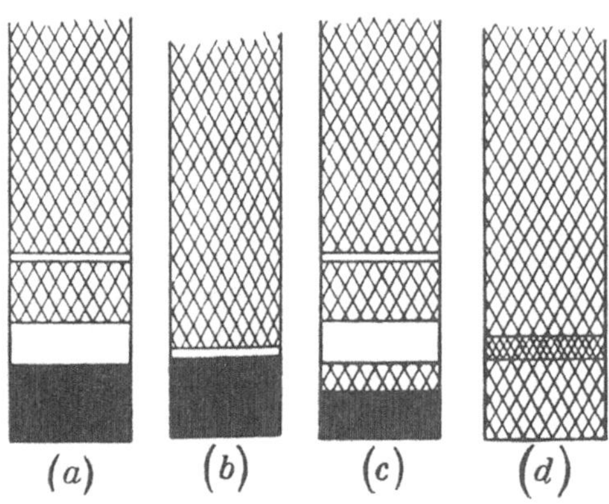

Abb. 40. Zonenstruktur in verschiedenen Kristalltypen. (a) = Isolator, (b) = Halbleiter, (c) und (d) = Leiter [aus R. C. Evans, Crystal chemistry. Cambridge, University Press, 1939]

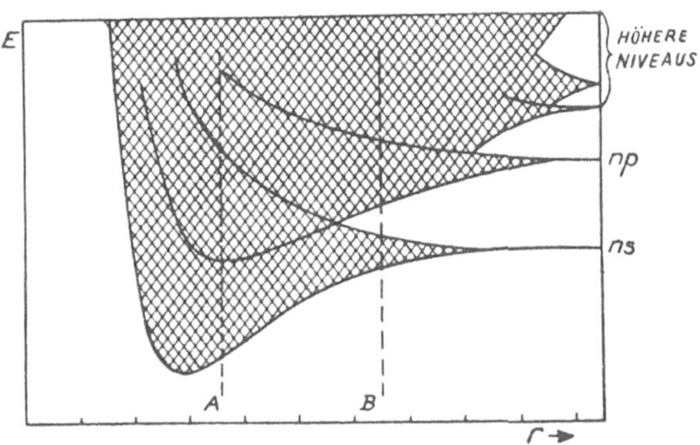

Abb. 41. Energiezonen in einem Alkalimetall als Funktion des kürzesten Abstandes *r* zweier Teilchen [aus R. C. Evans, Crystal chemistry. Cambridge, University Press, 1939]

dem doppelt brechenden isländischen Kristall" publizierte. B a r t h o - l i n u s beginnt mit den Worten:

„Hochberühmt ist bei allen Menschen der Diamant und mannigfach sind die Freuden, die dergleichen Schätze, wie edles Gestein

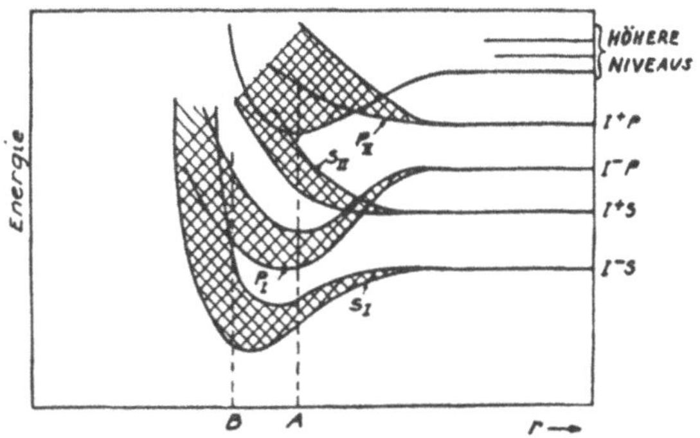

Abb. 42. Energiezonen in Lithiumfluorid (LiF) als Funktion des Abstandes *r* und ihre Beziehungen zu den atomaren Energietermen [aus R. C. E v a n s , Crystal chemistry. Cambridge, University Press, 1939]

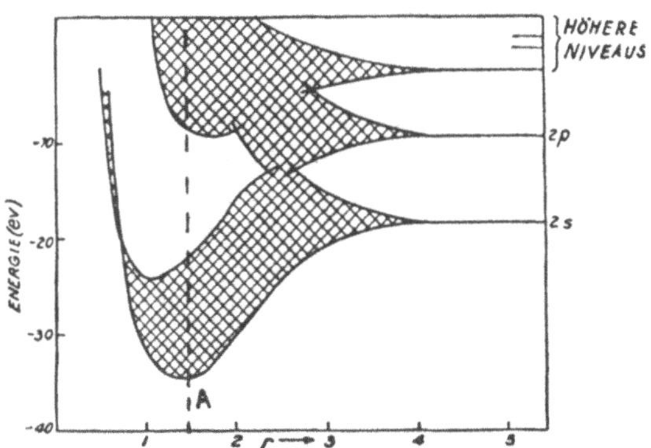

Abb. 43. Energiezonen im Diamant als Funktion von *r* und ihre Beziehungen zu den atomaren Energietermen [aus R. C. E v a n s , Crystal chemistry. Cambridge, University Press, 1939]

und Perlen, gewähren, aber sie dienen doch nur zum Prunk und zum Schmuck von Finger und Hals; wer dagegen die Kenntnis seltsamer Erscheinungen dem Vergnügen vorzieht, der wird, wie ich hoffe, keine geringere Freude haben an einem neuartigen Körper, nämlich einem durchsichtigen Kristall, der vor kurzem aus Island zu uns gebracht wurde und vielleicht zu den größten Wundern gehört, welche die Natur hervorgebracht hat. Ich beschäftigte mich lange Zeit mit diesem merkwürdigen Körper und stellte verschiedene Versuche damit an, die ich nicht ungern veröffentliche, da ich glaube, daß sie Naturfreunden und sonstigen Interessenten zur Belehrung oder wenigstens zur Unterhaltung dienen können."

Es handelt sich um den Kalkspat, *Calcit* oder Doppelspat, der die Erscheinung der *Doppelbrechung* des Lichtes durch einen Kristall besonders augenfällig zeigt. Abb. 44 zeigt das berühmte Phänomen sehr schön. Fällt ein Lichtstrahl auf einen Kristall, so treten im allgemeinen nicht nur ein, sondern *zwei* Strahlen aus ihm heraus, weshalb wir die Schrift doppelt sehen. Diese Erscheinung ist für die gesamte Kristalloptik natürlich von größter Wichtigkeit; sie ist u. a. ein wesentliches Hilfsmittel zur Identifikation der Mineralien in einem Gestein, von dem man sich ein sehr dünnes Plättchen schleift, welches unter dem Mikroskop untersucht werden kann. Calcit ist sehr stark doppelbrechend. Die Größe der Doppelbrechung hängt außer von der Natur des Kristalles selber von der Richtung, in welcher man beobachtet, ab. Neben der Größe dieser Doppelbrechung ist der *Brechungsindex,* welcher ein Maß für die Stärke der Abweichung von der ursprünglichen Richtung darstellt, von Bedeutung.

In einzelnen Fällen ist es nun gelungen, auf Grund der chemischen Natur der Bausteine und der Kristallstruktur, sowohl Brechung wie Doppelbrechung theoretisch zu berechnen. Unter dem Einfluß der elektromagnetischen Schwingungen des einfallenden Lichtes geraten die elektrisch geladenen Teilchen des Gitters in Schwingung und senden ihrerseits wieder elektromagnetische Wellen aus.

So konnte Sir Lawrence Bragg (1924) die Doppelbrechung des Calcits aus dessen Struktur ableiten und fand eine recht gute Übereinstimmung mit der Beobachtung

	ber.	beob.
n_ε =	1,488	1,486
n_ω =	1,631	1,658

Weiter hat Niggli (1926) vorausgesagt, daß ganz allgemein Körper mit schichtartigen Strukturen sogenannte negative und solche mit kettenartigen Strukturen positive Doppelbrechung aufweisen müssen. Das bedeutet folgendes: Licht, das sich senkrecht zu den Schichten fortpflanzt, also in Richtung der Schichten schwingt, erfährt dabei einen größeren Widerstand, hat eine kleinere Geschwindigkeit als Licht, das sich in den Schichten fortpflanzt, somit senkrecht zu den Schichten schwingt. Dies bezeichnet man als negative Doppelbrechung. Weist die Struktur, wie z. B. das graue Selen, Ketten auf, so ist die Situation die umgekehrte. Strukturen ohne einen ausgesprochenen Richtungsunterschied, wie z. B. die Sulfate, mit tetraedrischen Baugruppen, sollten daher eine kleine Doppelbrechung aufweisen, wie es auch tatsächlich beobachtet wird. Organische Verbindungen weisen öfters Kettenmoleküle auf; die entsprechenden Kristalle sind daher im allgemeinen optisch positiv, es sei denn, die Kettenenden tragen ausgesprochene polare Gruppen, welche dann — da schichtartig angeordnet — wieder negative Doppelbrechung erzeugen. Bilden die Moleküle Ringe, so ergeben sich öfters Schichtstrukturen.

Abb. 44. Doppelbrechung des Calcits.

Im Vorhergehenden sind öfters — wie es nicht anders möglich ist — spezielle chemische Verbindungen zu Erläuterungen herangezogen worden. Die Kristallographie und Strukturlehre hat denn auch eine ganz neuartige Forschungsrichtung, die *Kristallchemie*, ermöglicht, welche insbesondere auf die anorganische Chemie den allergrößten Einfluß gehabt hat. Zuerst mögen die anorganischen

Verbindungen, dann die organischen, d. h. diejenigen, welche im wesentlichen aus Kohlenstoff, Wasserstoff, Sauerstoff und Stickstoff aufgebaut und die für den lebenden Organismus von so großer Bedeutung sind, behandelt werden.

Aus was für Teilchen ist ein Kristallgitter zusammengesetzt? Seine *Bausteine* können Atome, Ionen, Radikale oder Moleküle sein. Beispiele sind: Diamant = Atomgitter (Atom = elektrisch neutral) (Abb. 11); Steinsalz = Ionengitter (Abb. 17) [Ion = elektrisch geladenes Teilchen, positive Natrium-Ionen und negative Chlor-Ionen]; Calcit = Ionen - Radikal - Gitter (Abb. 18) [Calciumkarbonat = $Ca[CO_3]$, Ca^{+2}-Ionen und $[CO_3]^{-2}$-Ionen, Radikal = elektrisch geladene, mehratomige Baugruppe]. Ein wichtiges Resultat der Kristallstrukturbestimmungen ist, daß der *Molekülbegriff für Verbindungen, wie Steinsalz oder Calcit, in festem Zustand seinen Sinn vollständig verliert.* Es gibt im festen Zustand überhaupt keine Moleküle [NaCl] oder $[CaCO_3]$; es ist nicht möglich, im Kristall in sich geschlossene Baueinheiten dieser Zusammensetzung zu finden. Jedes Na^+- ist von sechs Cl^-- und jedes Cl^-- von sechs Na^+-Ionen umgeben; individuelle, elektrisch neutrale Moleküle [NaCl] gibt es nicht.

Ebenso kann man im Calcitgitter nur Ca^{+2}-Ionen und $[CO_3]^{-2}$-Radikale finden, hingegen keine $[CaCO_3]$-Moleküle. — Doch gibt es auch bei anorganischen Verbindungen Gitter mit Molekülen. Einige Beispiele sind in Abb. 45 dargestellt: a) = Jod, J_2-Moleküle, b) orthorhombischer Schwefel, S_8-Ringe = Moleküle, c) Arsenoxyd = As_4O_6-Moleküle, in sich abgeschlossene Einheit; dazu d) Harnstoff-Molekül $OC(NH_2)_2$, ebenfalls in sich geschlossene Baueinheiten, die allerdings durch *Wasserstoffbindungen* N—H ... O miteinander verknüpft sind (organische Verbindung).

Es ist auch möglich, sich genaue Vorstellungen über die *Natur der Kräfte,* welche die Baueinheiten im Kristall zusammenhalten, zu machen; sind alle elektrischer Natur; doch können wir hierauf nicht näher eintreten. — Auf eines aber muß noch mit Nachdruck hingewiesen werden und das ist die *Größe der Atome und Ionen.* In erster Näherung können die Atome oder Ionen als *Kugeln von bestimmtem Radius* aufgefaßt werden. Haben wir dann z. B. einen metallischen Kristall vor uns (W, Cu = Abb. 9, Mg = Abb. 10), so ist der Durchmesser einer solchen Atomkugel dem Abstand zweier Teilchen gleich, wenn man gegenseitige Berührung annimmt. Dieser Abstand kann aber röntgenographisch ermittelt werden. Es ist folglich möglich, ein System von *Atom- und / oder metallischen Radien* aufzustellen, mit Hilfe dessen man Voraussagen über Abstände, z. B. in Legierungen, machen kann, wo wir dann verschiedenartige Teilchen haben. Kristalle, die aus lauter gleichartigen, elektrisch geladenen Teilchen, d. h. Ionen, bestehen würden, gibt es nicht. Wollen wir

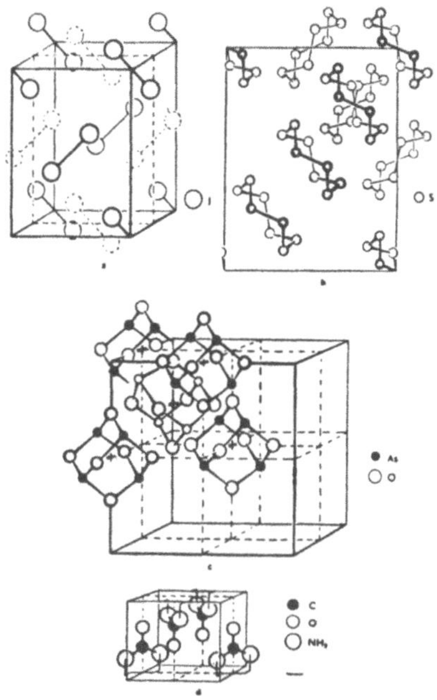

Abb. 45. Molekülgitter. a = Jod (J_2), b = Schwefel (orthorhombisch (S_8—Ringe auf (001) projiziert), c = As_2O_3 (schwarz = As, weiß =O), d = Harnstoff [$OC(NH_2)_2$] (schwarz = C, weiß — klein = O, weiß — groß = NH_2 [aus J. M. Bijvoet, N. H. Kolkmeijer und C. H. MacGillavry, Röntgenanalyse von Kristallen. Berlin, Springer, 1940]

daher ein analoges System von *Ionenradien* aufstellen, indem wir die Abstände in Ionenkristallen messen, so ist das nur möglich, wenn wir die Größe von *einem* Radius, z. B. des Fluor- oder Sauerstoffions, als irgendwie gegeben annehmen. Wasastjerna hat aus optischen Daten den Radius von Fluor und Sauerstoff berechnet und darauf basierend hat der Mineraloge V. M. Goldschmidt sein System von Ionenradien abgeleitet (Abb. 46; Li^+ beispielsweise ist ein sehr kleines Ion, Radius 0,78 Å, während Cs^{+1} sehr groß ist, R = 1,65 Å). Je mehr Elektronen das Ion aufbauen, desto größer ist es im allgemeinen (Zunahme des Radius mit steigender Ordnnungs-

Tabelle 6. **Periodisches System der Elemente mit Atom- und Ionenradien.**

(Die Atomradien geben die Hälfte des kürzesten Abstandes in den Elementen an.)

	1	2	3	4	5	6	7	Eisen-Platin-Gruppe	8
1	*1* H^{-} 1,54 H 0,46								*2* He 1,78
2	*3* Li 1,52 Li^{+} 0,78	*4* Be 1,12 Be^{2+} 0,34	*5* B 0,97	*6* C 0,77 C^{4+} < 0,2	*7* N 0,71 N^{5+} < 0,2	*8* O^{2-} 1,32 O 0,60	*9* F^{-} 1,33		*10* Ne 1,60
3	*11* Na 1,86 Na^{+} 0,98	*12* Mg 1,60 Mg^{2+} 0,78	*13* Al 1,43 Al^{3+} 0,57	*14* Si^{4-} 1,98 Si 1,17 Si^{4+} 0,39	*15* P P^{5+} 0,3-0,4	*16* S^{2-} 1,74 S 1,04 S^{6+} 0,34	*17* Cl^{-} 1,81 Cl 1,07		*18* Ar 1,91
4	*19* K 2,31 K^{+} 1,33 (NH^{4+} 1,43)	*20* Ca 1,96 Ca^{2+} 1,06	*21* Sc 1,51 Sc^{3+} 0,83	*22* Ti 1,46 Ti^{3+} 0,69 Ti^{4+} 0,64	*23* V 1,30 V^{3+} 0,65 V^{4+} 0,61 V^{5+} ca. 0,4	*24* Cr 1,25 Cr^{3+} 0,64 Cr^{6+} 0,3-0,4	*25* Mn 1,18 Mn^{2+} 0,91 Mn^{3+} 0,70 Mn^{4+} 0,52	*26* Fe 1,24, Fe^{2+} 0,83, Fe^{3+} 0,67 *27* Co 1,25, Co^{2+} 0,82 *28* Ni 1,24, Ni^{2+} 0,78	
	29 Cu 1,28 Cu^{+} 0,96	*30* Zn 1,33 Zn^{2+} 0,83	*31* Ga 1,22 Ga^{3+} 0,62	*32* Ge 1,22 Ge^{4+} 0,44	*33* As 1,25 As^{3+} 0,69 As^{5+} ca. 0,4	*34* Se^{2-} 1,91 Se 1,16 Se^{6+} 0,3-0,4	*35* Br^{-} 1,96 Br 1,19		*36* Kr 2,01
5	*37* Rb 2,43 Rb^{+} 1,49	*38* Sr 2,15 Sr^{2+} 1,27	*39* Y 1,81 Y^{3+} 1,06	*40* Zr 1,56 Zr^{4+} 0,87	*41* Nb 1,43 Nb^{4+} 0,69 Nb^{5+} 0,69	*42* Mo 1,36 Mo^{4+} 0,68	*43* Tc	*44* Ru 1,33, Ru^{4+} 0,65 *45* Rh 1,34, Rh^{3+} 0,68 *46* Pd 1,37	
	47 Ag 1,44 Ag^{+} 1,13	*48* Cd 1,49 Cd^{2+} 1,03	*49* In 1,62 In^{3+} 0,92	*50* Sn^{4-} 2,15 ST 1,40 Sn^{4+} 0,74	*51* Sb 1,45 Sb^{3+} 0,90	*52* Te^{2-} 2,11 Te 1,43 Te^{4+} 0,89	*53* J^{-} 2,20 J 1,36 J^{5+} 0,94		*54* X 2,20
6	*55* Cs 2,62 Cs^{+} 1,65	*56* Ba 2,17 Ba^{2+} 1,43	*57* La 1,86 $*La^{3+}$ 1,22	*72* Hf 1,58 Hf^{4+} 0,84	*73* Ta 1,43 Ta^{5+} 0,68	*74* W 1,36 W^{4+} 0,68	*75* Re	*76* Os 1,35, Os^{4+} 0,67 *77* Ir 1,35, Ir^{4+} 0,66 *78* Pt 1,38	
	79 Au 1,44 Au^{+} 1,37	*80* Hg 1,50 Hg^{2+} 1,12	*81* Tl 1,70 Tl^{+} 1,49 Tl^{3+} 1,05	*82* Pb^{4-} 2,15 Pb 1,75 Pb^{2+} 1,32 Pb^{4+} 0,84	*83* Bi 1,55	*84* Po	*85* At		*86* Rn
7	*87* Fr	*88* Ra	*89* Ac	*90* Th 1,80 Th^{4+} 1,10	*91* Pa	*92* U 1,38 U^{4+} 1,05	*93* Np	*94* Pu *95* Am *96* Cm	

*) Lanthaniden: *58* Ce 1,82 Ce^{3+} 1,18 Ce^{4+} 1,02 *59* Pr 1,81 Pr^{3+} 1,16 Pr^{4+} 1,00 *60* Nd 1,80 Nd^{3+} 1,15 *61* Il *62* Sm^{3+} 1,13 *63* Eu^{3+} 1,13 *64* Gd^{3+} 1,11 *65* Tb^{3} + 1,09 Tb^{4+} 0,89 *66* Dy^{3+} 1,07 *67* Ho^{3+} 1,05 *68* Er 1,86 Er^{3+} 1,04 *69* Tm^{3+} 1,04 *70* Yb^{3+} 1,00 *71* Cp^{3+} 0,99

Abb. 46. Tabelle der Atom- und Ionenradien [aus H. Strunz, Mineralogische Tabellen.
2. Aufl. Leipzig, Akadem. Verlagsges. Geest & Portig K.-G. 1949]

zahl). Weitere, verfeinerte Systeme von Ionenradien stammen von L. Pauling, W. H. Zachariasen u. a.

An Hand eines großen Beobachtungsmaterials hat nun V. M. Goldschmidt das *Grundgesetz der Kristallchemie* aufgestellt, demzufolge *die Kristallstruktur einer Verbindung durch Mengenverhältnis, Größenverhältnis und Bindungseigenschaften ihrer Bausteine bedingt ist.*

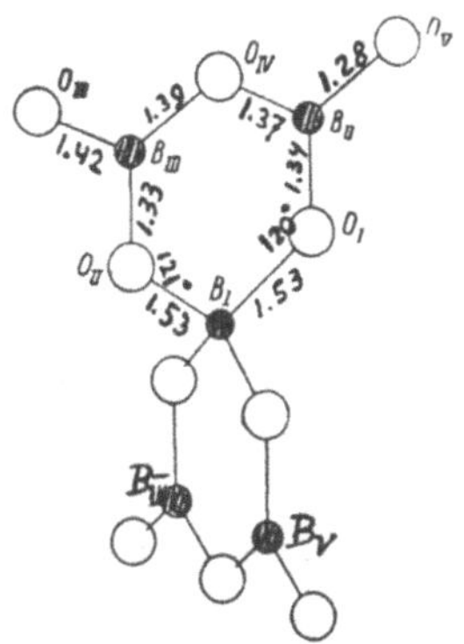

Abb. 47. Struktur des Pentaboratkomplexes B_5O_{10} [aus W. H. Zachariasen, Z. Krist. *98* (1938) 266]

Diese Ionenradien sind auch bei der Frage der *Mischkristallbildung* von größter Bedeutung, indem es dabei in allererster Linie auf die *Größe* der Teilchen ankommt. In einem Kristallgitter können nämlich gewisse Teilchen durch andere von ungefähr derselben Größe ersetzt werden, ohne daß eine wesentliche Störung im Gitter eintritt. Z. B. können im Gitter des Flußspates mit der Formel CaF_2 die zweiwertigen Ca^{+2} durch dreiwertige Yttrium-Ionen ersetzt werden, d. h. wir haben Mischkristalle zwischen CaF_2 und YF_3 vor uns. Man bezeichnet diese Erscheinung als *Isomorphie i. w. S.* d. h. also wörtlich „Gleichgestaltigkeit", womit zum Ausdruck gebracht wird, daß die äußere Gestalt durch den Ersatz keine Änderung erfährt. Es ist dies ein Beispiel für eine gewisse *Unordnung* im Kristallgitter. Ein sehr bekanntes Beispiel für eine ungeordnete Struktur ist eine Legierung von Gold und Kupfer im Verhältnis 1 : 3, $AuCu_3$. Wird eine Schmelze dieser Zusammensetzung plötzlich abgekühlt (abgeschreckt), so besetzen die Gold- und Kupferatome zusammen, aber in vollkommen willkürlicher, statistischer Anordnung die Ecken und Flächenmitten eines Würfels. Beim langsamen

Abkühlen hingegen oder beim Tempern der abgeschreckten Probe wandern die Goldatome in die Ecken und die Kupferatome in die Flächenmitten des Würfels, wodurch eine vollkommen *geordnete* Struktur entsteht. Es ist einleuchtend, daß alle Eigenschaften einer solchen Legierung sehr wesentlich vom sog. *Ordnungsgrad* abhängen.

Wenn die Komponenten einer geordneten Legierung die Röntgenstrahlen ungefähr gleich stark streuen, ist es nicht möglich, die Ordnung mit ihrer Hilfe festzustellen. Seit man in den „Piles" (Uranbrennern) Apparate zur Verfügung hat, welche einen starken *Neutronenstrahl* liefern können, hat sich ein neuer Zweig der Strukturlehre — die *Neutronenkristallographie* — entwickelt. Entsprechend der Doppelnatur der Materie können Neutronen — analog wie Elektronen — an einem Kristallgitter *gebeugt* werden, wodurch es möglich wird, Kristallstrukturen mittels Neutronenbeugung zu bestimmen. Im Gegensatz zu den Röntgenstrahlen, welche von den Elektronen der Gitteratome gestreut werden, werden die Neutronen durch die *Kerne* der Gitteratome gestreut. Es ist nun u. U. möglich, daß das Streuvermögen der Atomkerne der Komponenten einer Legierung für Neutronen beträchtlich verschieden, für Röntgenstrahlen aber fast gleich ist. Dann kann eine Neutronenbeugungsaufnahme den Ordnungsgrad eventuell erkennen lassen. Ein derartiges Beispiel ist die Legierung FeCo, bei der das Verhältnis der Intensität der Überstrukturlinie (100) zur Intensität der Linie (110) für Röntgenstrahlen gleich 1 : 1390, für Neutronen hingegen 1 : 6 ist. Röntgenographisch läßt sich daher die Ordnung kaum, mittels Neutronenbeugung leicht nachweisen.

Die Ionenradien haben auch bei der Bildung unserer festen Erdrinde eine ausschlaggebende Rolle gespielt, nämlich in dem Sinne, daß sie das spezielle Zusammenvorkommen der verschiedenen Elemente regulierten. Dies ist ein Grundproblem der *Geochemie.*

Wenn man sich fragt, wo die Kristallstrukturbestimmung anorganischer Verbindungen den größten grundsätzlichen Einfluß ausgeübt hat, so ist dies zweifellos auf den Gebieten der *Systematik der anorganischen Verbindungen* und der *Systematik der Gesamtheit der in der Natur vorkommenden, einzelnen Mineralien* zu erblicken. Schlägt man ein Lehrbuch der anorganischen Chemie etwa aus dem Jahre 1910 auf und vergleicht es mit einem modernen heutigen, so erkennt man sogleich die große Wandlung, die als Resultat der gemeinsamen Arbeit von Mineralogen (V. M. Goldschmidt,

P. Niggli u. a.) und Chemikern eingetreten ist. Und zwar bezieht sich diese nicht so sehr auf die Summe der Einzelerkenntnisse, welche naturgemäß ständig wächst, als vielmehr auf deren Einordnung in ein sinnvolles System und um die Herausschälung einiger prinzipieller Erkenntnisse. Z. B. schrieb K. A. Hofmann noch 1918 in seinem Lehrbuch der anorganischen Experimentalchemie (S. 686): „Die chemischen Formeln geben bekanntlich Aufschluß über die prozentuale Zusammensetzung der Verbindungen und über die Anordnung der Atome innerhalb der Moleküle. Über die Lage der

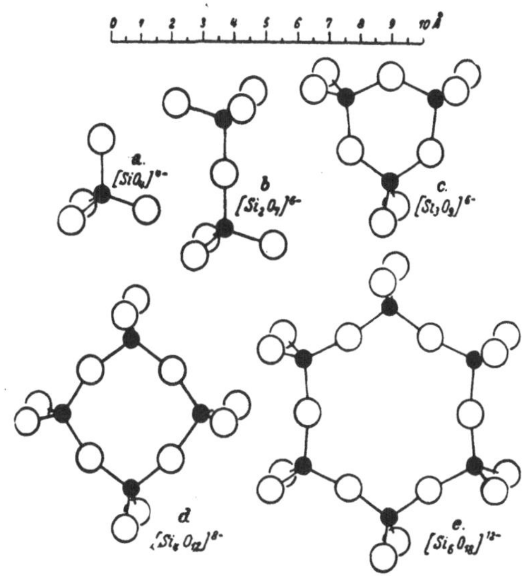

Abb. 48. Endliche Baueinheiten der Silikate. a = Nesosilikate, b — e = Sorosilikate [aus H. Strunz, Mineralogische Tabellen, 2. Aufl., Leipzig, Akadem. Verlagsges., Geest & Portig K.-G., 1949]

Moleküle zueinander und ihre gegenseitige Beeinflussung sagen sie nicht aus." Auch Hofmann war also noch der Meinung, daß es in der kristallisierten, anorganischen Verbindung isolierte Moleküle gebe, deren Aufbau durch die chemische Formel bedingt sei. Daß dies keineswegs immer der Fall zu sein braucht, sei nochmals, diesmal an Hand eines Borates erläutert. Es gibt eine Verbindung, welche den Namen Kaliumpentaborat-Tetrahydrat trug und welcher die Formel $KB_5O_8 \cdot 4\,H_2O$ zugeschrieben wurde. Die Kristallstrukturbestimmung hat nun eindeutig bewiesen, daß im festen Zustand weder B_5O_8- noch H_2O-Gruppen vorkommen, wie man dies aus obiger Formel entnehmen könnte, sondern, daß B_5O_{10}-Baueinheiten vorhanden sind, welche über H_3O-Gruppen miteinander verknüpft sind, wobei die K^+-Ionen dazwischen liegen. Abb. 47 zeigt solch eine B_5O_{10}-Gruppe.

Auf Grund sämtlicher Kristallstrukturermittlungen an anorganischen Verbindungen und Mineralien und einer eingehenden Prüfung und Vergleichung der Baupläne war es möglich, eine rationelle Systematik der Mineralien und aller anorganischen Verbindungen aufzustellen. Derzufolge unterscheidet man nach P. Niggli im Wesentlichen *Kristallverbindungen erster und solche zweiter Art.*

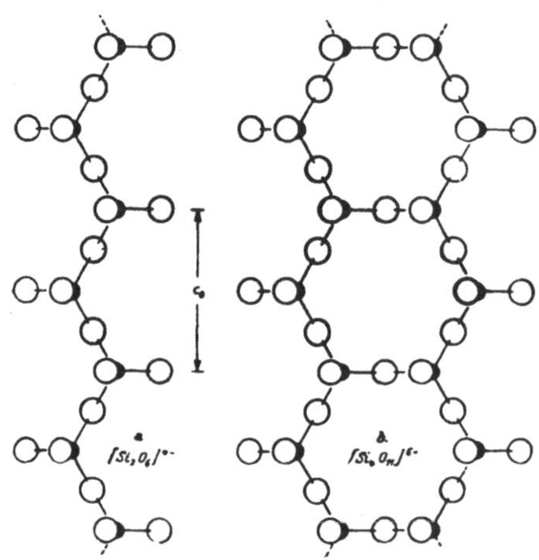

Abb. 49. Eindimensional unendliche Baugruppen der Inosilikate. a = Pyroxene, b = Amphibole [aus H. Strunz, Mineralogische Tabellen. 2. Aufl., Leipzig, Akadem. Verlagsges. Geest & Portig K.-G., 1949]

Die erster Art weisen in sich geschlossene Baueinheiten auf; ein typischer Vertreter ist der Calcit (Abb. 18). Diejenigen zweiter Art haben ein zusammenhängendes Gerüst z. B. von Sauerstoffatomen, in deren Lücken die übrigen Teilchen fallen. Typische Vertreter dieser Klasse sind die *Silikate,* d. h. die Silizium-Sauerstoff-Verbindungen, welche einen großen Teil unserer Erdkruste bilden. Bekannte Silikate sind die Glimmer (Abb. 21), der Asbest (Abb. 20), die Feldspäte (Abb. 22) oder Halbedelsteine wie Turmalin, Zirkon, Beryll (Abb. 19).

Diesen Silikaten war vor der Entdeckung der Beugung der Röntgenstrahlen an Kristallen schwer beizukommen. Man besaß wohl eine Systematik, die aber ganz unzureichend, um nicht zu sagen falsch war. Das heutige Bild der Silikatstrukturen, wie es *einzig* mittels der *Röntgenstrahlen* hat gewonnen werden können, ist das Folgende:

Silizium ist fast ausnahmslos von vier Sauerstoffionen, welche die Ecken eines mehr oder weniger regelmäßigen Tetraeders bilden, umgeben, was zum Radikal $[SiO_4]^{-4}$ führt. Sehr oft sind diese Tetraeder über Eckensauerstoffe miteinander verknüpft. Entsprechend der Art der Verknüpfung unterscheidet man fünf Hauptgruppen:

A. Nesosilikate (Inselsilikate) mit Inseltetraedern (*νησος* = Insel)

B. Sorosilikate (Gruppensilikate) oder Silikate mit Tetraedergruppen von endlicher Ausdehnung (*σωρος* = Gruppe)

C. Inosilikate (Kettensilikate) oder Silikate mit unendlichen Ketten von Tetraedern (*ινος* = Faser)

D. Phyllosilikate (Schichtsilikate) oder Silikate mit unendlichen Schichten von Tetraedern (*φυλλος* = Blatt)

E. Tektosilikate (Gerüstsilikate) oder Silikate mit unendlichen dreidimensionalen Gerüsten von Tetraedern (*τεκτονεια* = Fachwerk).

Die Abb. 48 bis 50 zeigen diese verschiedenen Möglichkeiten.

Beispiele:

Neso-(Insel-):	Olivin $(Mg, Fe)_2[SiO_4]$
Soro-(Gruppen-):	$Sc_2[Si_2O_7]$ Thortveitit
	$BaTi[Si_3O_9]$ Benitoit, $\{(SiO_3)_3\}$
	$Na_2FeTi[Si_4O_{12}]$ Neptunit, $\{(SiO_3)_4\}$
	$Al_2Be_3[Si_6O_{18}]$ Beryll, $\{(SiO_3)_6\}$ (Abb. 19)
Ino-(Ketten-):	$CaMg[Si_2O_6]$ Pyroxen, Diopsid, $\{(SiO_3)_2\ \infty^1\}$
	$Ca_2Mg_5[OH \mid Si_4O_{11}]_2$ Amphibole, $\{(SiO_3)_8\ \infty^1\}$ (Abb. 20)
Phyllo-(Netze-):	$KAl_2[(OH, F)_2 \mid AlSi_3O_{10}]$ Muskowit, $\{(SiO_3)_4\ \infty^2\}$ (Abb. 21)
Tekto-(Gerüst):	Ultramarine
	$(Na, Ca)_8[(SO_4, S, Cl)_2 \mid (AlSiO_4)_6]$
	$K[AlSi_3O_8]$ Orthoklas, $\{(SiO_2)_4\ \infty^3\}$ (Abb. 22)

Die chemische und strukturelle Zusammensetzung der Silikate ist für deren Verhalten sehr wesentlich. So hängt z. B. die als *Asbestose* bezeichnete diffuse Verschwielung der Lunge, welche Arbeiter, die in der keramischen Industrie ständig mit Asbest zu tun haben, aufweisen, von der Asbestart ab, indem die Bildung von Asbestkörperchen auf den relativ leicht löslichen Serpentinasbest beschränkt ist, während andere, schwerlösliche Asbestarten, wie z. B. der Hornblendeasbest, nicht in der Lage sind, im Gewebe Asbestkörperchen zu bilden. Der Abbau der in der Eiweißhülle eingeschlossenen

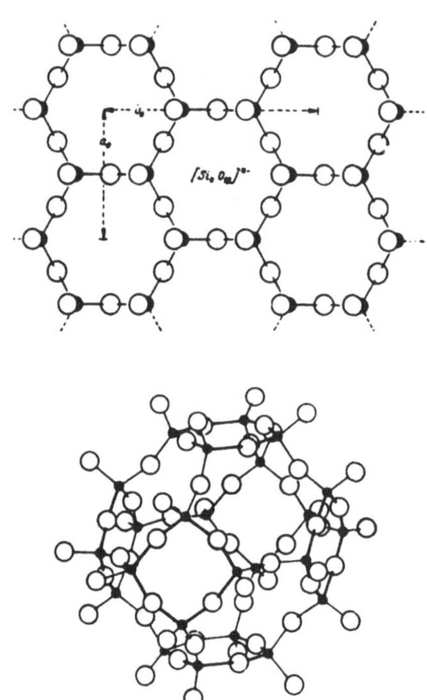

Abb. 50. Zweidimensional unendliche Baugruppen der pseudohexagonalen Phyllosilikate. Dreidimensional unendliches Tetraedergerüst der Ultramarine (Tektosilikate) [aus H. S t r u n z, Mineralogische Tabellen. 2. Aufl., Leipzig, Akadem. Verlagsges. Geest & Portig K.-G., 1949]

Kristallnadeln unter Auflösung des Kieselsäuregerüstes hängt eben ganz wesentlich vom speziellen Bau des betreffenden Silikates ab (B e g e r).

Ebenfalls in das Gebiet der *Keramik* gehören die kristallstrukturellen Untersuchungen an *Tonmineralien.* Diese ergaben einen blättchenförmigen inneren Aufbau (entsprechend ihrem äußeren

Aussehen). Die *Quellung* der Tone besteht in einem Eindringen von Wasser zwischen die atomaren Schichten. Diese Tonmineralien spielen auch in unseren *Böden* eine große Rolle, so daß man füglich sagen darf, daß wichtige Probleme der Agrikulturchemie — wie Basenaustausch und dgl. — wesentlich von der Kristallstruktur der Bodenmineralien abhängen. Dasselbe gilt z. B. auch für die Entstehung des Petroleums, da gewisse Tonmineralien unter bestimmten Bedingungen den Schlüsselpunkt für die Umwandlung von organischer Materie in Petroleum darstellen (R. E. Grim). Es sind dies alles Probleme des Haftens, der Adsorption, gewisser Moleküle an den Schichten dieser Mineralien.

Ein anderes hochinteressantes Gebiet der Kristallchemie ist die Lehre von den *Legierungen.* Man kann wohl sagen, daß die Allgemeine Metallkunde zu einer physikalischen Chemie der metallischen Kristalle geworden ist. Auch gibt es hier noch viele ungelöste theoretische Probleme, welche augenblicklich die Forscher beschäftigen.

Wir aber wollen uns dem jüngsten Zweig der Kristallchemie, nämlich der Kristallchemie *organischer* Verbindungen zuwenden, welche auch für die *Biologie* von erheblicher Bedeutung geworden ist, insbesondere dank der meisterhaften Forschungen des amerikanischen Strukturchemikers Linus Pauling, sowie der englischen Schule.

Die Verhältnisse liegen für die relativ kleinen Moleküle wesentlich anders als für die sehr großen. Die Kristallstrukturen von organischen Verbindungen mit Riesenmolekülen gleichen mehr den Kristallverbindungen zweiter Art der anorganischen Materie, während diejenigen mit kleinen Molekülen mit den anorganischen molekularen Verbindungen in eine Gruppe gehören. Behandeln wir zuerst diejenigen Kristallstrukturen, die relativ kleine Moleküle enthalten.

Im Gegensatz zu den meisten anorganischen Verbindungen behält der *Molekülbegriff* hier seinen Sinn auch im Kristallzustand bei, d. h. es ist meist möglich, das isolierte Einzelmolekül, wie es im Gas oder in der Flüssigkeit vorkommt, auch im Kristallgitter wiederzufinden, wie dies z. B. an dem Modell des Benzols (Abb. 23) zu sehen ist. Beim Kristallisieren bleibt das Molekül als solches weitgehend erhalten; was die röntgenographische Bestimmung ergibt, ist die Anordnung der Moleküle im Raum und die genaue Form und Größe des Moleküls. Über die Form können die rein chemischen Methoden öfters nur beschränkte Auskunft geben und über die absolute Größe gar keine. So stellt die Röntgenuntersuchung u. U. eine wesentliche Ergänzung dar.

Kennt man die Kristallstruktur, so ist es meistens auch möglich, präzise Aussagen über die Kräfte zu machen, welche die Einzelmoleküle zum Gitter zusammenhalten. Mit den Kräften, welche die Atome im Molekül zusammenhalten, verglichen, sind es sehr schwache Kräfte; auf jeden Fall sind alle elektrischer Natur.

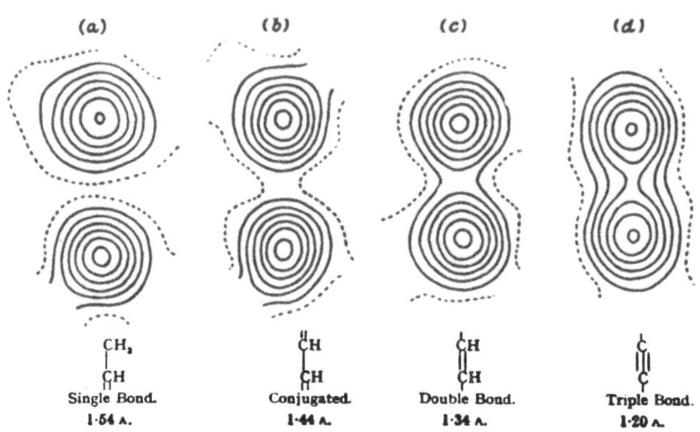

Abb. 51. Die verschiedenen Kohlenstoff-Kohlenstoff-Bindungsarten [aus J. M. Robertson, J. chem. Soc. London *1945*, 249]

An einem Kristall kann man auch „chirurgische Operationen" vornehmen, und zwar in dem Sinne, daß man ein Teilchen oder eine Gruppe von Atomen oder gar ein ganzes Molekül durch ein ganz anderes Teilchen oder eine Teilchengruppe oder durch ein anderes Molekül ersetzen kann, ohne daß sich Kristallstruktur und äußere Form wesentlich ändern. Allerdings kann man dies meistens nicht nachträglich ausführen, sondern muß das Fremdteilchen schon während der Kristallisation „hineinschmuggeln". Diese wichtige Erscheinung bezeichnet man — wie schon erwähnt — als *Isomorphie* (wörtlich: Gleichgestaltigkeit) oder auch *Diadochie.* In organischen Verbindungen können sich Cl, Br und die Methylgruppe CH_3 fast immer isomorph vertreten. Die systematische Bearbeitung dieser Fragen hat erst begonnen; wir selber beschäftigen uns mit diesen Problemen. Hier ergeben sich auch Berührungspunkte mit der *Biochemie.* Viele organische Verbindungen üben auf den Organismus eine ganz bestimmte Wirkung aus, sei es lebensanregend oder lebenshemmend oder irgendwie verändernd. Ersetzt man jetzt in einer solchen chemischen Verbindung ein Atom durch ein anderes, was der Kristall nicht „merkt“, so erhebt sich die Frage, ob auch der Organismus dies nicht „merkt“, bzw. wie er auf diese isomorphe Verbindung reagiert. In der Natur kommt es nun vor, daß die neue Verbindung in gleichem oder in entgegengesetztem Sinn (antagonistisch) wirkt. Zur Beurteilung all dieser Fragen muß man eine Kenntnis der

Abb. 52. Teil der Kristallstruktur des Kalium-Benzylpenicillins [aus E. Chain, Endeavour (Imp. Chem. Ind.) *VII* (1948) 152]

genauen räumlichen Struktur der beteiligten Moleküle besitzen, wie sie öfters nur die Röntgenanalyse liefern kann.

Neben der Isomorphie ist die *Polymorphie* eine wichtige kristallchemische Erscheinung. Es ist möglich, daß dieselbe Molekülart z. B. in Abhängigkeit von der Temperatur das eine Mal diese Kristallstruktur, das andere Mal eine ganz andere aufweist, d. h. die Anordnung der Moleküle ist in beiden Fällen verschieden. Dies bezeichnet man als Vielgestaltigkeit oder Polymorphie. Auch die äußeren

Kristallformen können dann ganz verschieden sein, z. B. Nadeln bzw. Blättchen.

Viele physikalisch-chemische Eigenschaften hängen von der Kristallstruktur ab, z. B. Schmelzpunkt, Löslichkeit, äußere Morphologie; auch gewisse magnetische sowie optische Größen. Umgekehrt kann man diese Eigenschaften benutzen, um auf nicht röntgenographischem Wege Anhaltspunkte über eine Kristallstruktur zu erhalten.

Wir erwähnten die absolute Größe der Atomabstände in einem organischen Molekül. Unter Beachtung der verschiedenen Fehlerquellen ist es möglich, diese Abstände sehr genau zu messen und auch ein Bild der Verteilung der Elektronen zu erhalten *(Fouriersynthese)*. Dabei kann man die von der organischen Chemie schon seit langem postulierten verschiedenen *Bindungsarten* sehr anschaulich erkennen. Überhaupt liefern diese Strukturuntersuchungen einen sehr wesentlichen Beitrag zur Frage der *Natur der chemischen Bindung in Kristallen und Molekülen.* Abb. 51 zeigt den Unterschied zwischen Einfach-, Doppel- und Dreifachbindung zwischen zwei Kohlenstoffatomen, neben der konjugierten Doppelbindung. Der Abstand nimmt von 1,54 Å über 1,44, 1,34 zu 1,20 Å ab; gleichzeitig „verschmelzen" die beiden Kohlenstoffatome immer mehr und mehr (Kurven = Orte gleicher Elektronendichte). So liefert die Strukturanalyse auch ihren Beitrag zur theoretischen organischen Chemie, denn Fragen der feineren Molekülkonstitution (Mesomerie oder Resonanz) sind damit aufs engste verknüpft.

Es ist einleuchtend, daß, wenn die Kristallstruktur einer organischen Verbindung in jeder Hinsicht vollständig bekannt ist, damit auch die *Konstitution des Einzelmoleküls,* zum mindesten in der Form, in welcher es im Kristall vorkommt, ermittelt worden ist. Nun ist die vollständige Konstitutionsermittlung eines Moleküls auf rein chemischem Wege u. U. eine recht schwierige Aufgabe und nicht immer eindeutig zu lösen. In diesen Fällen kann eine *vollständige* Röntgenanalyse zum Ziel führen, vorausgesetzt also, daß die Substanz gut kristallisiert. Bekannte Beispiele sind die Sterine (Hormone), das Penicillin und das Strychnin. Abb. 52 stellt ein räumliches Modell des Benzylpenicillinmoleküls, wie es die Röntgendaten, die man am K-Salz erhielt, liefern, dar, und in Abb. 53 sind die gefundenen zwischenatomaren Abstände angegeben. Bemerkenswert ist der Viererring ungefähr in der Mitte des Moleküls (diese

β-Laktamkonfiguation erwies sich als die richtige). Man muß allerdings betonen, daß eine derartige Kristallstrukturbestimmung auch nicht einfach ist und in England arbeiteten am Penicillin mehrere Forscher (D. Crowfoot, C. W. Bunn, B. W. Rogers-Low und A. Turner-Jones) während etwa drei Jahren. — Manchmal

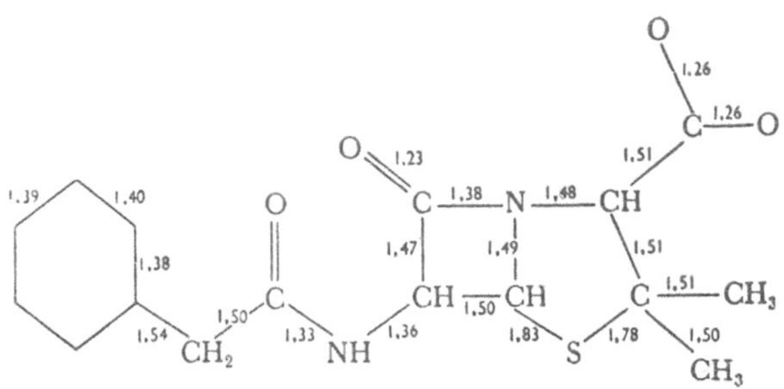

Abb. 53. Innermolekulare Atomabstände im Benzylpenicillin (in kX, ± 0.15) [aus E. Chain, Endeavour (Imp Chem. Ind.) *VII* (1948) 152]

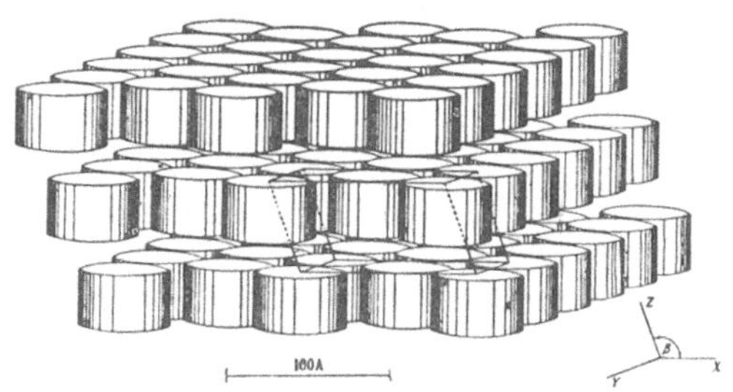

Abb. 54. Packung der Hämoglobinmoleküle im Kristall (Schichten von dichtest gepackten Molekülen, durch Flüssigkeit voneinander getrennt). Die Figur stellt ein idealisiertes Bild der Struktur dar, wie man es etwa mit einem Elektronenmikroskop, dessen Auflösungsvermögen zu schwach ist, um Einzelheiten der Struktur zu erkennen, sehen würde [aus J. Boyes-Watson, E. Davidson und M. F. Perutz, Proc. Roy. Soc. London (A) *191* (1947) 83]

ist es aber gar nicht nötig, eine vollständige Strukturanalyse auszuführen. Es kann der Fall eintreten, daß der Chemiker zu zwei oder drei möglichen Formeln gelangt ist. Da man heutzutage, wie erwähnt, die Größe der Atome ziemlich gut kennt, können die Abmessungen des Moleküls für die zwei oder drei Möglichkeiten berechnet werden. Nun ist es andererseits durch bloße Bestimmung der Gitterkonstanten, der Dichte und der optischen Eigenschaften oft möglich, die ungefähre Größe der Moleküle zu bestimmen. Durch Vergleich kann man auf diese Weise postulierte Konstitutionen ausschalten und nur eine einzige Formel als die richtige behalten. Dies war bei den Sterinen der Fall; die alte Konstitutionsformel ergab ein viel zu dickes Molekül, welches in der Elementarzelle, wie sie röntgenographisch bestimmt worden war, keinen Platz fand. Die Abänderung führte zur neuen richtigen Formel.

Alle diese Moleküle sind aber sehr klein, wenn man sie mit denjenigen vergleicht, die im Organismus von Pflanze, Tier und Mensch eine Hauptrolle spielen, nämlich den *Eiweißstoffen* oder *Proteinen.* Diese Eiweißstoffe kommen entweder in Form von *Fasern* oder von gut ausgebildeten, dreidimensionalen Kristallen vor. Die Faserproteine liefern reflexarme Röntgendiagramme, deren Deutung keineswegs eindeutig ist. Im Gegensatz dazu können die dreidimensionalen Eiweißkristalle, die *Globulär*proteine, nach allen Regeln der kristallographischen Kunst untersucht werden. Chemisch sind die Eiweißstoffe sehr komplexer Natur. Wesentliche Bausteine sind die *Aminosäuren.* Um daher dem Aufbau der Proteine näher zu kommen, hat man begonnen, die Kristallstruktur dieser Aminosäuren zu bestimmen. Dies ist ein Teil des Arbeitsprogrammes des Chemischen Institutes von Linus Pauling im *California Institute of Technology* in Pasadena, wo der Verfasser das Privileg hatte, als Gast zu arbeiten.

Natürlich kann man die Struktur der Globulärproteine auch direkt anpacken. Dies ist hauptsächlich von den englischen Kristallographen getan worden. Das am eingehendsten untersuchte Protein ist der rote Blutfarbstoff, das Hämoglobin, speziell das *Pferde-Met-Hämoglobin.* Perutz*) fand, daß die Einzelmoleküle, von denen jetzt jedes Tausende von Atomen enthält, ungefähr die Form von Zylindern oder von Säulen mit quadratischer Basis haben, welche in vollkommen regelmäßiger Weise im Raum angeordnet sind und so den Hb-Kristall bilden (Abb. 54). Die innere Struktur dieser Zylinder ist in der Abb. 55 dargestellt: Schichten, von denen jede eine gekrümmte Kette von Atomen enthält. Diese Ketten entsprechen den Fasern der Faserproteine. Es ist aber sehr wohl möglich, daß diese Ketten nach oben und unten miteinander verknüpft sind und auf diese Weise ein dreidimensionales Gerüst bilden. Grundsätzlich ist zu bemerken, daß diese Bilder mehr den Struktur*typus* als *die* Struktur in ihren Einzelheiten veranschaulichen.

*) Nach freundlicher Mitteilung von Herrn Dr. M. F. Perutz, Cambridge.

Außer der eigentlichen Eiweißstoffe gibt es noch größere und noch kompliziertere Gebilde, die von größter biologischer und medizinischer Bedeutung sind; das sind die *Virus*. Sie sind — wie schon eingangs erwähnt — die Erreger von z. T. äußerst gefährlichen Krankheiten bei Pflanze, Tier und Mensch. Röntgenographisch wurde speziell der

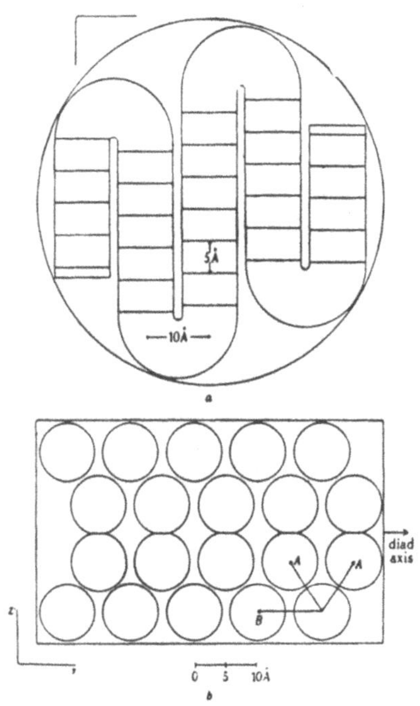

Abb. 55. Idealisiertes Bild der Struktur eines einzelnen Hämoglobinmoleküls. *a* = basaler Schnitt durch das Molekül mit einer in einer Ebene gefalteten Polypeptidkette (5 A.-Periode in Kettenrichtung), *b* = vertikaler Schnitt durch Einzelmolekül (Kreise = Schnittfiguren durch Polypeptidketten als gefaltete Zylinder dargestellt). Abb. 54 und 55 geben einen Begriff vom *allgemeinen* Strukturtypus. Es ist möglich, daß weitere Untersuchungen dazu führen, das Bild im einzelnen abzuändern [aus M. F. Perutz, Proc. Roy. Soc. London (A) *195* (1949) 474]

Erreger einer bestimmten Krankheit der Tabakpflanzen, das *Tabakmosaikvirus*, untersucht. Dieses Virus bildet allerdings keine eigentlichen Kristalle, sondern eine *kristalline Flüssigkeit* (bzw. ein *Gel)*, welche aus langen, fadenförmigen Teilchen besteht. Es konnten bestimmte Vorstellungen über den inneren Aufbau dieser Fäden gewonnen werden. — Auch der Erreger der Kinderlähmung ist ein solches fadenförmiges Virus, welches rein dargestellt werden konnte.

Durch das *Elektronenmikroskop*, das hier ergänzend eingreift, können diese Virus dem Auge sichtbar gemacht werden. Röntgenographisch wurde es u. W. bis jetzt nicht untersucht.

Die Virus können aber auch sehr schöne Kristalle bilden. Bei Abb. 56 könnte man vielleicht glauben, Granatkristalle, wie man sie

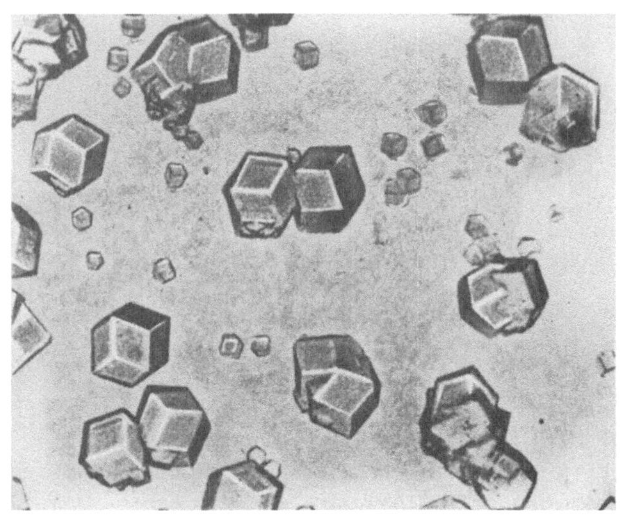

Abb. 56. Kristalle (Rhombendodekaeder) von Bushy stunt Virus der Tomate [aus F. C. Bawden und N. W. Pirie, Brit J. exp. Path. *19* (1938) 251]

am Gotthard findet, vor sich zu haben. Es ist dies das *Bushy stunt Virus* der Tomate, das eine würfelförmige innenzentrierte Elementarzelle der Kantenlänge 318 Å aufweist. Welches sind die „Teilchen", die solch einen Virus-Kristall aufbauen? Es sind dies die einzelnen *Virus-Moleküle.* Letzten Endes sind es natürlich die im Virus-Molekül enthaltenen Atome. Bei den anorganischen Verbindungen oder den organischen mit kleinen Molekülen sind die aufbauenden Teilchen — die Atome oder kleinen Moleküle — derart klein, nämlich etwa 3 bis 30 Å, daß sie dem Auge nicht direkt sichtbar gemacht werden können, es sei denn indirekt durch die Röntgenstrahlen. Die Virus-Moleküle hingegen sind so groß, daß sie wenigstens im Elektronenmikroskop sichtbar werden. Abb. 57 zeigt diese Elementarpartikel des Bushy stunt Virus, welche Kugeln von

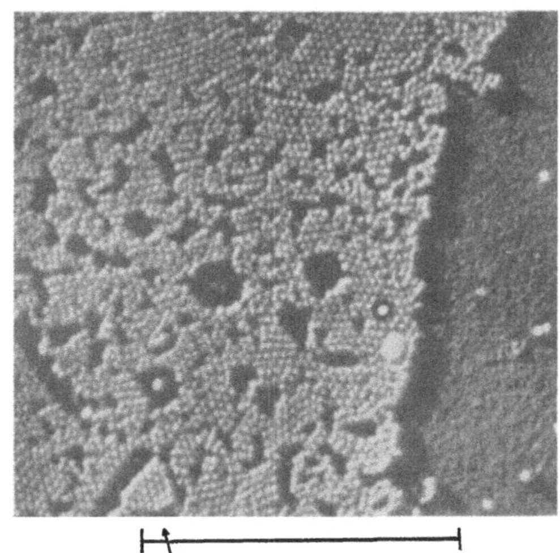

Abb. 57. Elementare Partikel in einer gereinigten Suspension von Bushy stunt Virus (beschattete elektronenmikroskopische Aufnahme). Die angegebene Längeneinheit ist gleich 1 Mikron [aus W. C. Price, R. C. Williams und R. W. G. Wyckhoff, Arch. Biochem. *9* (1946) 175]

einem ungefähren Durchmesser von 200 Å sind. Hier handelt es sich allerdings nicht um einen Kristall, sondern um eine auf einem Objektträger eingetrocknete Lösung, wobei die Teilchen zweidimensional möglichst dicht angeordnet sind. Den Bushy stunt Virus-*Kristall* hat man sich nun als regelmäßiges Gitter derartiger Virus-Kugeln vorzustellen. Aus der röntgenographisch gewonnenen Gitterkonstanten erhält man einen Kugeldurchmesser von etwa 270 Å (bei

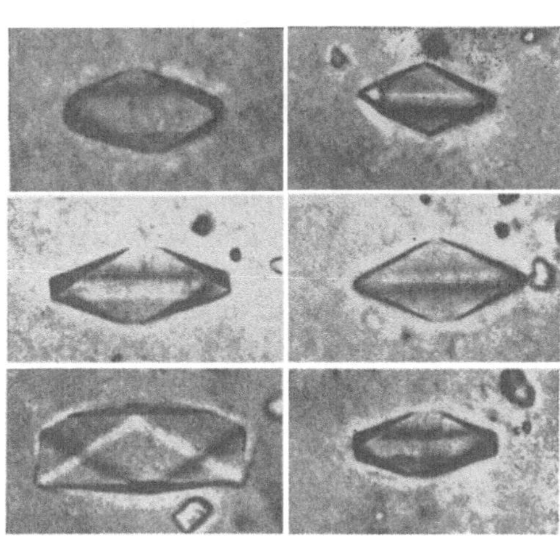

Abb. 58. Kristalle des Southern bean mosaic virus [aus W. C. Price, Amer. J. Botany *33* (1946) 45]

Annahme einer direkten Berührung der Kugeln), was mit dem elektronenoptisch erhaltenen Wert von 200 Å in der Größenordnung übereinstimmt.

An einem anderen Virus, demjenigen einer Bohnensorte, dem Southern Bean Virus, kann man dieses Kristallwachstum noch besser demonstrieren. Abb. 58 zeigt die Kristalle dieses Virus und Abb. 59 den Beginn der Bildung des dreidimensionalen Kristalles aus den

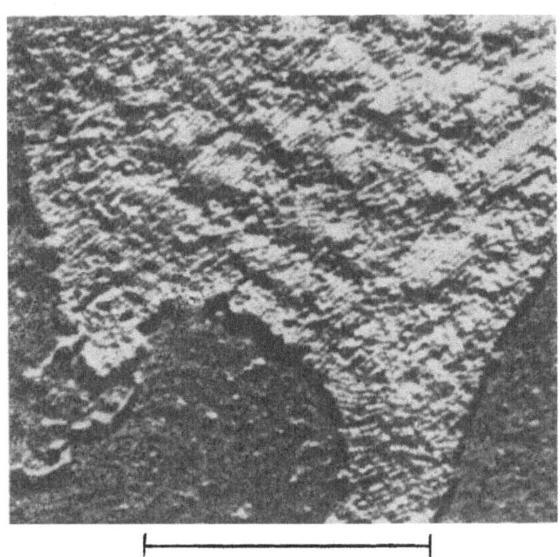

Abb. 59. Aggregat des Southern bean mosaic virus. Die Teilchen beginnen ein regelmäßiges dreidimensionales Gitter zu bilden. Die angegebene Längeneinheit ist gleich 1 Mikron [aus W. C. Price, R. C. Williams und R. W. G. Wyckoff, Arch. Biochem. 9 (1946) 175]

einzelnen Virus-Molekülen. Dieses Bild wird noch überboten durch eine andere Aufnahme von Wyckoff (Abb. 60), welche wunderbare dreidimensionale Kristalle des Tabak-Nekrosis-Virus zeigt. Die Kristalle stellen eine Kombination von Würfel mit einem Oktaeder dar. Es steht noch nicht sicher fest, ob die Teilchen wirklich genau kugelförmige Gestalt haben.

Damit hat man also einen ersten Einblick, was die äußere Form und Größe der Virus-Partikel betrifft, röntgenographisch und elektronenmikroskopisch erhalten. Den eigentlichen atomaren Feinbau der Virus-Partikel selbst wird man mittels Röntgenstrahlen und anderen Methoden erforschen müssen, denn dem Elektronenmikroskop sind wegen des Auflösungsvermögens prinzipielle Schranken gesetzt.

*

Im Vorhergehenden wurde versucht, einen Begriff von dem, was man *Allgemeine Mineralogie* oder *Kristallographie* nennt, zu geben. Sie steht im Brennpunkt vieler Interessen. Schon N i g g l i schrieb 1920 im Vorwort zu seinem *„Lehrbuch der Mineralogie“*: „Stellt einerseits eine in dieser Weise nach allen Richtungen strahlende Wissen-

Abb. 60. Kubooktaeder [=. Kombination eines Würfels (100) mit einem Oktaeder (111)] von Necrosis Virus. Kubisch dichteste Packung der Moleküle, auf (100) quadratische, auf (111) hexagonale Anordnung. Während bei den gewöhnlichen anorganischen und organischen Verbindungen die das Kristallgitter aufbauenden Teilchen (Atome, Ionen, Radikale, Moleküle) nicht direkt „gesehen“ werden können, ist dies hier der Riesenmoleküle wegen möglich (beschattete elektronenmikroskopische Aufnahme; Bildbreite ca. $2 \cdot 10^{-4}$ cm) [aus R. W. G. W y c k o f f, Acta Cryst. *1* (1948) 292]

schaft an ihre Jünger nicht geringe Anforderungen, so kommt ihr andererseits der ganze Reiz zu, der im Erkennen von Zusammenhängen irgendwelcher Art liegt. Und kraft der ihr innewohnenden Mannigfaltigkeit vermag sie auch den verschiedenst struierten naturwissenschaftlichen Erkenntnisbedürfnissen geeignete Aufgaben zuzuweisen.“ Die moderne Kristallographie ist eine eigene Wissenschaft von beachtlicher Tiefe und Breite. In vielen Ländern sind besondere wissenschaftliche Gesellschaften gegründet worden, die sie eingehend pflegen.

Wir wollen diesen Überblick mit einigen Sätzen, die Max Planck vor 30 Jahren an einer Leibnizgedenkfeier sprach, schließen: „Freilich kann gerade die Wissenschaft niemals auf unmittelbares Interesse in der breiten Öffentlichkeit rechnen; ja man darf sagen, daß die reine Wissenschaft ihrem Wesen nach unpopulär ist. Denn das geistige Schaffen, bei dem der arbeitende Forscher in heißem Ringen mit dem spröden Stoff zu gewissen Zeiten einen einzelnen winzigen Punkt für seine ganze Welt nimmt, ist, wie jeder Zeugungsakt, eigenstes persönliches Erlebnis und erfordert eine Konzentration und eine Spezialisierung, die einem Außenstehenden ganz unverständlich bleiben muß. Erst wenn das Erzeugnis zu einer gewissen Reife gediehen ist, vermag es auch nach außen zu wirken und einen seiner Bedeutung entsprechenden Eindruck zu erwecken. Darum würde jeder, wenn auch wohlgemeinte Versuch, die wissenschaftliche Forschung durch Hemmung ihres natürlichen Triebes nach Spezialisierung gemeinverständlich zu machen, schließlich mit Notwendigkeit zu einer Verflachung und Verarmung des ganzen öffentlichen wissenschaftlichen Lebens führen. Man würde damit gerade demselben Strome, dessen belebende Kraft in ununterbrochenem Fluß der Allgemeinheit zugute kommn soll, die still im Verborgenen rieselnden Quellen abgraben. Der wahrhaft soziale Geist äußert sich nicht darin, daß die Arbeit möglichst gleichmäßig auf alle verteilt wird, sondern dadurch, daß man jeden einzelnen nach seiner Eigenart für die Allgemeinheit arbeiten läßt, und zwar um so selbständiger, je schwerer er durch andere ersetzt werden kann."

Einige Literaturhinweise

W. H. Bragg and W. L. Bragg, The crystalline state. Vol. I, A general survey by W. L. Bragg. London, Bell, 1933, vol. II, The optical principles of the diffraction of X-rays, by R. W. James, 1948.

Sir Lawrence Bragg, The history of X-ray analysis. London, Longmans Green, 1943.

A. Bravais, Abhandlung über die Systeme von regelmäßig auf einer Ebene oder im Raum vertheilten Punkten. Ostwalds Klassiker der exakten Wissenschaften, Nr. 90. Leipzig, Engelmann, 1897; On the systems formed by points regularly distributed on a plane or in space. Mem. No. 1 of the Crystall. Society of America, 1949 (erhältlich durch Dr. W. Parrish, Philips Lab., Irvington-on-Hudson, N.Y., U.S.A.); Originalarbeit in J. École Polytechn. *19* (1850) 1.

M. A. Cappeller, Prodromus Crystallographiae de Cristallis improprie sic dictis Commentarium. Lucernae, 1723 (Deutsch hg. von K. Mieleitner, München, Piloty & Loehle, 1922).

E. S. Fedorow, Symmetrie regelmäßiger Figurensysteme. Verh. der Russ.-Kais. Mineral. Ges. zu St. Petersburg, 2. Ser., *28* (1891) 1.

E. Fedorow (unter Mitwirkung von D. Artemiev, Th. Barker, B. Orelkin und W. Sokolow), Das Kristallreich. Tabellen zur krystallochemischen Analyse. Mit Atlas. Schriften der Russ. Akad. der Wiss., 1920.

W. Friedrich, P. Knipping und M. v. Laue, Interferenzerscheinungen bei Röntgenstrahlen. Sitzungsberichte der Bayer. Akademie der Wiss., math.-phys. Kl., *5* (1912) 303.

V. Goldschmidt, Atlas der Krystallformen. Heidelberg, Winters, 1913.

V. M. Goldschmidt, Geochemische Verteilungsgesetze der Elemente. I—IX. Skrifter utg. av det Norske Videnskaps-Akad. Oslo, Oslo, Dybwad, 1923—1938.

P. Groth, Chemische Krystallographie. Teil 1—5. Leipzig, Engelmann, 1906 bis 1919.

P. Groth, Entwicklungsgeschichte der mineralogischen Wissenschaften. Berlin, Springer, 1926.

Johannes Kepler, Neujahrsgabe oder vom Sechseckigen Schnee (Strena seu de nive sexangula). Frankfurt, 1611. Unter Mitwirkung von M. Caspar und F. Neuhart, übertragen von Fritz Rossmann bei W. Keiper, Berlin, 1943.

P. Niggli, Geometrische Kristallographie des Diskontinuums. Leipzig, Borntraeger, 1919.

P. Niggli, Lehrbuch der Mineralogie. Berlin, Borntraeger, 1920; I. Allgemeine Mineralogie, 2. A., 1924, II. Spezielle Mineralogie, 2. A., 1926; Lehrbuch der Mineralogie und Kristallchemie, 3. A., Teil I, 1941, Teil 2, 1942.

P. Niggli und M., Stereochemie der Kristallverbindungen. Z. Krist. Bde. *73—86* (1930—1933).

P. Niggli, Grundlagen der Stereochemie. Basel, Birkhäuser, 1945.

P. Niggli, Die Krystallologia von Johann Heinrich Hottinger (1698). Veröffentl. der Schweiz. Ges. für Geschichte der Medizin und Naturwissenschaften XIV, Aarau, Sauerländer, 1946.

W. Nowacki, Fouriersynthese von Kristallen und ihre Anwendung in der Chemie. Basel, Birkhäuser, 1951.

L. Pauling, The nature of the chemical bond and the structure of molecules and crystals. An introduction to modern structural chemistry. 2nd ed., Ithaca (N. Y.), Cornell Univ. Press, 1940.

Max Planck in seinen Akademieansprachen. Berlin, Akademie-Verlag, 1948 (S. 30/31).

A. Schoenflies, Krystallsysteme und Krystallstructur. Leipzig, Teubner, 1891.

L. A. Seeber, Versuch einer Erklärung des innneren Baues der festen Körper. Ann. der Physik und der physikalischen Chemie (Hg. von L. W. Gilbert) *16* (1824) 229 und 348.

F. Seitz, The modern theory of solids. New York and London, McGraw-Hill, 1940.

W. Shockley, The quantum physics of solids. I. Bell System Techn. J. *18* (1939) 645.

W. Voigt, Lehrbuch der Kristallphysik. Leipzig und Berlin, Teubner, 1910.